Festliche Übergabe des Präsidentenamtes der Deutschen Akademie der Naturforscher Leopoldina

NOVA ACTA LEOPOLDINA
Abhandlungen der Deutschen Akademie der Naturforscher Leopoldina

Herausgegeben vom Präsidium der Akademie

NEUE FOLGE	NUMMER 385	BAND 113

Festliche Übergabe des Präsidentenamtes der Deutschen Akademie der Naturforscher Leopoldina – Nationale Akademie der Wissenschaften

von Volker ter Meulen an Jörg Hacker

am 26. Februar 2010 in der Aula des Löwengebäudes der
Martin-Luther-Universität Halle-Wittenberg

Deutsche Akademie der Naturforscher Leopoldina –
Nationale Akademie der Wissenschaften, Halle (Saale) 2010
Wissenschaftliche Verlagsgesellschaft mbH Stuttgart

Redaktion: Dr. Michael KAASCH und Dr. Joachim KAASCH
Übersetzung ins Englische: Timothy JONES, Leipzig
Fotos: David AUSSERHOFER, Wandlitz

**Die Schriftenreihe Nova Acta Leopoldina erscheint bei der Wissenschaftlichen Verlagsgesellschaft mbH, Stuttgart, Birkenwaldstraße 44, 70191 Stuttgart, Bundesrepublik Deutschland.
Jedes Heft ist einzeln käuflich!**

Die Schriftenreihe wird gefördert durch das Bundesministerium für Bildung und Forschung sowie das Kultusministerium des Landes Sachsen-Anhalt.

Einbandbild: Amtsübergabe vom XXV. Präsidenten der Akademie, Volker TER MEULEN, an den XXVI. Präsidenten, Jörg HACKER.

Bibliografische Information der Deutschen Nationalbibliothek
Die Deutsche Nationalbibliothek verzeichnet diese Publikation in der Deutschen Nationalbibliografie; detaillierte bibliografische Daten sind im Internet über http//dnb.ddb.de abrufbar.

Die Abkürzung ML hinter dem Namen der Autoren steht für Mitglied der Deutschen Akademie der Naturforscher Leopoldina.

Alle Rechte, auch die des auszugsweisen Nachdruckes, der fotomechanischen Wiedergabe und der Übersetzung, vorbehalten.

Der Publikation ist eine DVD mit der Dokumentation der Veranstaltung beigefügt.

© 2010 Deutsche Akademie der Naturforscher Leopoldina e. V. – Nationale Akademie der Wissenschaften
Hausadresse: 06108 Halle (Saale), Emil-Abderhalden-Straße 37, Tel. +49 345 4723934
Herausgeber: Präsidium der Deutschen Akademie der Naturforscher Leopoldina – Nationale Akademie der Wissenschaften
Printed in Germany 2010
Gesamtherstellung: druckhaus köthen GmbH (Saale)
ISBN: 978-3-8047-2848-6
ISSN: 0369-5034
Gedruckt auf chlorfrei gebleichtem Papier.

Inhalt / Contents

Programm / Programme	6
FRIEDRICH, Bärbel: Begrüßung / Welcome Address	9
SCHAVAN, Annette: Dank und Willkommen / Welcome and Address of Appreciation	21
BÖHMER, Wolfgang: Grußwort / Address	27
TER MEULEN, Volker: Abschiedsrede des scheidenden Präsidenten / Farewell Address by the Outgoing President	33
Übergabe der Amtskette / Hand-over of the Chain of Office	50
HACKER, Jörg: Antrittsrede des neuen Präsidenten / Inaugural Address by the New President	51
MITTELSTRASS, Jürgen: Festrede / Lecture Wissenschaftskultur – Zur Vernunft wissenschaftlicher Institutionen / The Culture of Science – On Reason in Scientific Institutions	65
Impressionen vom Festakt am 26. Februar 2010 / Impressions of the Festive Ceremony on the 26th of February 2010	79

Das Präsidium der Leopoldina beehrt sich,
Sie zur festlichen Übergabe
des Präsidentenamtes

von

Herrn Volker ter Meulen ML

an

Herrn Jörg Hacker ML

am 26. Februar 2010, 13.00 Uhr

in die Aula des Löwengebäudes der
Martin-Luther-Universität Halle-Wittenberg,
Universitätsplatz 11, 06108 Halle (Saale),
einzuladen.

Programm

Felix Mendelssohn Bartholdy
Trio für Klavier, Violine und Violoncello d-moll op. 49,
1. Satz (Molto allegro agitato)

Begrüßung
Bärbel Friedrich ML
Vizepräsidentin der Leopoldina

Dank und Willkommen
Annette Schavan
Bundesministerin für Bildung und Forschung

Grußwort
Wolfgang Böhmer
Ministerpräsident des Landes Sachsen-Anhalt

Abschiedsrede des scheidenden Präsidenten

Übergabe der Amtskette

Antrittsrede des neuen Präsidenten

Antonín Dvořák
Trio für Klavier, Violine und Violoncello e-moll op. 90
„Dumky",
1. Satz (Lento maestoso/Allegro vivace)

Festrede
„Wissenschaftskultur –
Zur Vernunft wissenschaftlicher Institutionen"
Jürgen Mittelstraß ML

Frédéric Chopin
Trio für Klavier, Violine und Violoncello
g-moll op. 8, Finale (Allegretto).

Ausführende
Klaviertrio Würzburg
Karla-Maria Cording (Klavier)
Katharina Cording (Violine)
Peer-Christoph Pulc (Violoncello)

ca. 15.30 Uhr: Empfang des Präsidiums

Ende gegen 17.30 Uhr

The Presidium of the German Academy of Sciences Leopoldina requests the pleasure of your company at the Handover Ceremony of the Office of President

from

Professor VOLKER TER MEULEN ML

to

Professor JÖRG HACKER ML

in the Löwengebäude (Aula) of the Martin Luther University Halle-Wittenberg, Universitätsplatz 11, 06108 Halle (Saale), at 1.00 pm on Friday 26 February 2010.

Programme

Felix Mendelssohn Bartholdy
Trio for piano, violin and violoncello D minor op. 49,
1. Movement (Molto allegro agitato)

Introduction
BÄRBEL FRIEDRICH ML
Vice-President of the Leopoldina

Welcome and Address of Appreciation
ANNETTE SCHAVAN
Federal Minister for Education and Research

Address
WOLFGANG BÖHMER
Minister-President of the State of Saxony Anhalt

Farewell Address by the Outgoing President

Handover of the Chain of Office

Inaugural Address by the New President

Antonín Dvořák
Trio for piano, violin and violoncello E minor op. 90
"Dumky",
1. Movement (Lento maestoso/Allegro vivace)

Lecture
"Wissenschaftskultur –
Zur Vernunft wissenschaftlicher Institutionen"
JÜRGEN MITTELSTRAß ML

Frédéric Chopin
Trio for piano, violin and violoncello G minor op. 8,
Finale (Allegretto).

Performing Artists
Würzburg Piano Trio
KARLA-MARIA CORDING (piano)
KATHARINA CORDING (violin)
PEER-CHRISTOPH PULC (violoncello)

3.30 pm (approx.): Reception given by the Presidium

Close around 5.30 pm

Die Bundesministerin für Bildung und Forschung Annette Schavan, der scheidende Leopoldina-Präsident Volker ter Meulen ML, Frau Annette ter Meulen und der neue Leopoldina-Präsident Jörg Hacker ML.

The Federal Minister of Education and Research Annette Schavan, the outgoing President of the Leopoldina Volker ter Meulen ML, Annette ter Meulen and the new President of the Leopoldina Jörg Hacker ML.

Begrüßung / Welcome Address

Bärbel FRIEDRICH (Berlin)
Vizepräsidentin der Akademie / Vice-President of the Academy

Bärbel Friedrich

Hochansehnliche Festversammlung!

Vor sieben Jahren, am 13. Februar 2003, trafen sich Freunde und Mitglieder der Leopoldina in den benachbarten Franckeschen Stiftungen zu Halle zur Übergabe des Präsidentenamtes von Benno PARTHIER, unserm verehrten Altpräsidenten, an Volker TER MEULEN. Heute sind wir in dem schönen Löwengebäude der Martin-Luther-Universität versammelt, um die Amtskette an Jörg Hinrich HACKER, den 26. Präsidenten seit dem 358-jährigen Bestehen der Akademie, weiterzureichen. Während Volker TER MEULEN noch als Präsident der Akademie der Naturforscher Leopoldina sein Amt antrat, wird heute erstmals in der neuen Geschichte der Leopoldina der Präsident der Nationalen Akademie der Wissenschaften in sein Amt eingeführt.

Zu diesem besonderen Anlass begrüße ich ganz herzlich:

– die Bundesministerin für Bildung und Forschung, Frau Professor Annette SCHAVAN, und
– den Ministerpräsidenten des Landes Sachsen-Anhalt, Herrn Professor Wolfgang BÖHMER, ohne deren tatkräftige Unterstützung der heutige Festakt in dieser Form nicht möglich gewesen wäre. In diesen Gruß schließe ich ein
– den Kultusminister des Landes Sachsen-Anhalt, Herrn Professor Jan-Hendrik OLBERTZ,
– den parlamentarischen Staatssekretär des Bundesinnenministeriums, Herrn Dr. Christoph BERGNER, sowie
– den Chef der Staatskanzlei des Landes Sachsen-Anhalt, Herrn Rainer ROBRA.

Wir freuen uns, dass die beiden Oberbürgermeisterinnen,

– Frau Gudrun GRIESER aus der Gründungsstadt Schweinfurt sowie
– Frau Dagmar SZABADOS aus Halle/Saale, Sitz der Leopoldina seit 1878, unsere Gäste sind.

Einen besonderen Willkommensgruß richte ich an den heutigen Festredner Herrn Professor Jürgen MITTELSTRASS, ehemaliger Senator der Leopoldina, seinem Vortrag sehen wir erwartungsvoll entgegen.

Die Leopoldina wird geehrt durch die Anwesenheit zahlreicher Mitglieder des Bundestages, des Landtages Sachsen-Anhalt sowie des Rates der Stadt Halle. Dankbar begrüße ich die Abteilungsleiter und Referatsleiter der Bundes- und Landesministerien, die uns in den zurückliegenden zwei Jahren außerordentlich wirkungsvoll und großzügig Hilfe und Unterstützung gewährt haben, namentlich Herrn Ulrich SCHÜLLER vom Bundesministerium für Bildung und Forschung und seinen Vorgänger Herrn Dr. Christian UHLHORN.

Ich begrüße die Vertreter der Wissenschaftsorganisationen, mit denen die Leopoldina aufs Engste verbunden ist. Es sind die Präsidenten, Vizepräsidenten und Generalsekretäre

– der Deutschen Forschungsgemeinschaft,
– der Alexander-von-Humboldt-Stiftung,
– der Helmholtz-Gemeinschaft Deutscher Forschungszentren,
– der Leibniz-Gemeinschaft,
– der Hochschulrektorenkonferenz,
– der Gemeinsamen Wissenschaftskonferenz und
– der Kultusministerkonferenz.

Begrüßung / Welcome Address

Distinguished guests, ladies and gentlemen!

Seven years ago, on the 13th of February 2003, friends and members of the Leopoldina met in the *Franckesche Stiftungen* in Halle, not far from where we are now, to officially transfer the presidency from Benno PARTHIER to Volker TER MEULEN. Today we gather in the beautiful *Löwengebäude*, part of the *Martin-Luther-Universität*, to inaugurate Jörg Hinrich HACKER as the 26th President in the 358-years history of the Academy. While Volker TER MEULEN still started his position as President of the German Academy of Sciences Leopoldina today it is the first time in the history of the Leopoldina that a President is being inaugurated who will be president of the German National Academy of Sciences.

At this special occasion it is an honour and pleasure for me to welcome a number of distinguished guests:

- the Federal Minister for Education and Research, Professor Annette SCHAVAN, and
- the Minister-President of the State of Sachsen-Anhalt, Professor Wolfgang BÖHMER,

without their active support this ceremony would not have been possible today. I also welcome

- the Minister for Education of the State of Sachsen-Anhalt, Professor Jan-Hendrik OLBERTZ,
- the Parliamentary State Secretary of the Federal Ministry of the Interior, Dr. Christoph BERGNER, and
- the Head of the "Staatskanzlei" of Sachsen-Anhalt, Rainer ROBRA.

We are delighted welcoming two mayors as our guests,

- Gudrun GRIESER from Schweinfurt, the city where the Academy was founded, and
- Dagmar SZABADOS from Halle/Saale, home of the Leopoldina since 1878.

I would also like to address my special welcome to the plenary speaker, Professor Jürgen MITTELSTRASS, a former Senator of the Leopoldina; we are very much looking forward to his lecture.

It is a great honour for the Leopoldina that so many members of the Federal Parliament, the State Parliament of Sachsen-Anhalt and the city council of Halle are here with us today. I would like to express our gratitude to the leading persons in the headquarters of various Federal and State ministries who gave us substantial support and valuable assistance over the past two years. I like to personally acknowledge Ulrich SCHÜLLER from the Federal Ministry of Education and Research and his predecessor, Dr. Christian UHLHORN.

I also welcome the representatives of research and academic organisations with which the Leopoldina is closely affiliated, including the presidents, vice-presidents and secretaries-general of

- the German Research Foundation (DFG),
- the Alexander von Humboldt Foundation,
- the Helmholtz Association of German Research Centres,
- the Leibniz Association,
- the Council of University Rectors,
- the Science Council, and
- the Standing Committee of Ministers of Education and Cultural Affairs.

Bärbel Friedrich

Unser Gruß gilt den Repräsentanten der in der Union zusammengeschlossenen deutschen Akademien der Wissenschaften:

- Herrn Professor Norbert ELSNER, Vizepräsident der Akademie der Wissenschaften zu Göttingen;
- Herrn Professor Dietmar WILLOWEIT, Präsident der Bayerischen Akademie der Wissenschaften;
- Herrn Professor Gottfried GEILER als Vertreter der Sächsischen Akademie der Wissenschaften;
- den ehemaligen Vizepräsidenten der Leopoldina, Herrn Professor Harald ZUR HAUSEN, als Vertreter der Heidelberger Akademie der Wissenschaften;
- Frau Professor Elke LÜTJEN-DRECOLL, Präsidentin der Akademie der Wissenschaften und der Literatur Mainz;
- Herrn Professor Helmut SIES, der heute als Altpräsident die Nordrhein-Westfälische Akademie der Wissenschaften und der Künste vertritt.

Ich heiße den Präsidenten der Deutschen Akademie der Technikwissenschaften acatech, Herrn Professor Henning KAGERMANN, willkommen. Ebenso die Präsidenten

- der Österreichischen Akademie der Wissenschaften, Herrn Professor Helmut DENK,
- der Akademie gemeinnütziger Wissenschaften zu Erfurt, Herrn Professor Werner KÖHLER, sowie
- der Braunschweigischen Wissenschaftlichen Gesellschaft, Herrn Professor Joachim KLEIN.

Ein herzliches Willkommen allen Gästen der Leopoldina aus dem Kreis der Universitäten und wissenschaftlichen Einrichtungen. Ein besonderer Dank gilt Magnifizenz Wulf DIEPENBROCK, der als Hausherr uns diesen prächtigen Festsaal des Löwengebäudes verfügbar gemacht hat. Wir hoffen, dass wir Sie, lieber Herr DIEPENBROCK, mit Mitgliedern der Universität in nicht allzu ferner Zukunft in dem renovierten Logenhaus, dem zukünftigen Amtssitz der Leopoldina in Halle, empfangen dürfen.

In meinen Dank schließe ich auch zahlreiche Mitglieder des Freundeskreises und Ehrenförderer der Leopoldina ein, durch deren finanzielle Unterstützung diese Feierstunde einen der Bedeutung des Anlasses entsprechend würdigen Rahmen bekommen hat.

Die Lebendigkeit einer Akademie wird bestimmt durch die ihrer Mitglieder! So heiße ich meine Kolleginnen und Kollegen willkommen, die des Präsidiums, des Senats, all die, die sich als Obleute oder in Arbeitsgruppen für die Leopoldina engagiert und dafür Dispens von ihren Partnern haben. Mein besonderer Dank und Gruß gilt Frau TER MEULEN, die leider heute nicht anwesend sein kann, und ich begrüße ganz herzlich die Tochter, Annette TER MEULEN, die heute bei uns ist.

Ich danke ebenfalls den Mitarbeitern der Geschäftsstelle, deren Wirken sich ja in der Regel im Stillen vollzieht, allen voran der Generalsekretärin, Frau Professor SCHNITZER-UNGEFUG.

Sie alle, verehrte Gäste, machen den Wechsel der Präsidentschaft zu einem besonderen Ereignis und ich möchte mich nun den Hauptpersonen des heutigen Tages zuwenden, dem scheidenden und dem neuen Präsidenten.

Eine Amtsübergabe ist stets Anlass zur Besinnlichkeit. Als Sie, lieber Herr TER MEULEN, im „jungen" Alter von 70 Jahren – damit sind Sie ein vortrefflicher Beleg unserer Altersstu-

Begrüßung / Welcome Address

We are also delighted to welcome representatives of the Union of German Academies of Sciences and Humanities:

- Professor Norbert ELSNER, Vice-President of the Göttingen Academy of Sciences;
- Professor Dietmar WILLOWEIT, President of the Bavarian Academy of Sciences;
- Professor Gottfried GEILER representing the Saxonian Academy of Sciences;
- the former Vice-President of the Leopoldina Professor Harald ZUR HAUSEN, as a representative of the Heidelberg Academy of Sciences;
- Professor Elke LÜTJEN-DRECOLL, President of the Academy of Sciences and Literature in Mainz;
- Professor Helmut SIES, past president of the North-Rhine Westphalian Academy of Sciences, Humanities and Arts.

I extend our welcome to the President of the German Academy of Science and Engineering, acatech, Professor Henning KAGERMANN, and to the Presidents of:

- the Austrian Academy of Sciences, Professor Helmut DENK;
- the Academy of Applied Sciences in Erfurt, Professor Werner KÖHLER, and
- the Braunschweig Society of Sciences, Professor Joachim KLEIN.

A warm welcome to all members and guests of the Leopoldina from various academic and scientific institutions. Our gratitude is particularly directed to Rector Wulf DIEPENBROCK of the *Martin-Luther-Universität* who has generously provided us with this magnificent room. We hope to be able to invite you, Professor DIEPENBROCK, and other members of the University, to the *Logenhaus*, our new academy building in Halle, when its renovation will be completed in the near future.

I like to acknowledge gratefully the large community of friends and honorary patrons of the Leopoldina whose financial support was substantial to carrying out this ceremony.

The vitality of an academy depends on the activity of its members, and so I welcome my colleagues, members of the Presidium and the Senate of the Leopoldina, who invest efforts and time which is tolerated by their families and partners. I thank particularly Mrs. TER MEULEN, who unfortunately could not be with us today, therefore an especially warm welcome goes to Volker TER MEULEN's daughter, Annette, who is here in the audience.

Finally, I would like to thank the staff members of the Leopoldina whose work is often underestimated and not completely noticeable. I am addressing a particular mention to our Secretary-General, Professor Jutta SCHNITZER-UNGEFUG.

Ladies and gentlemen, your presence makes this event special, and I like to draw your attention now to the central figures of this ceremony, the old and the new Presidents.

Changes in the office are occasions to pause for thought. When Professor TER MEULEN took over the presidency from Benno PARTHIER, he was an experienced researcher with a long history and still a young man of just 70 – an excellent example of our studies on ageing. This phenomenon seems to be common among Presidents of the Leopoldina, e.g. Carl Gustav CARUS, Councillor and Physician whose art work we were able to admire recently in two exhibitions in Dresden and the Old National Gallery in Berlin, started his presidency in 1862 at the advanced age of 73. By then, the universally trained scholar had undertaken a number of excursions, maintained a friendship with Caspar David FRIEDRICH and frequently exchanged letters with Johann Wolfgang VON GOETHE, a fellow of the Leopoldina. CARUS

Bärbel Friedrich

dien – das Präsidentenamt von Benno PARTHIER übernahmen, lag bereits ein reicher wissenschaftlicher Werdegang hinter Ihnen. Dies ist allerdings keineswegs ungewöhnlich für einen Präsidenten der Leopoldina. Hat doch der hoch geschätzte Geh. Rath und Leibarzt Dr. Carl Gustav CARUS, dessen künstlerisches Werk wir kürzlich in zwei Ausstellungen in Dresden und in der Alten Nationalgalerie Berlin bewundern konnten, sein Amt 1862 im fortgeschrittenen Alter von 73 Jahren angetreten. Da hatte der Universalgelehrte viele Reisen hinter sich, war mit Caspar David FRIEDRICH befreundet gewesen, hatte lebhafte Briefwechsel mit dem Akademiemitglied Johann Wolfgang VON GOETHE geführt, die Begeisterung für Landschaftsmalerei mit Alexander VON HUMBOLDT geteilt und vielfältige Anregungen in seinen Begegnungen mit Ludwig TIECK erfahren. Trotz dieser vielseitigen Interessen und Aktivitäten war CARUS' Leben wesentlich von seinem Wirken als Arzt und Naturforscher bestimmt.

Auch in Ihrem wissenschaftlichen Leben, lieber Herr TER MEULEN, bildete die Medizin einen Mittelpunkt. Aus einer Entgegnung anlässlich der Verleihung der Ernst-Jung-Medaille lassen Sie uns wissen: „1955 habe ich das Medizinstudium mit dem Ziel begonnen praktischer Arzt zu werden, so wie mein Vater, mit dem ich vor dem 2. Weltkrieg als kleiner Bub häufig auf Praxisbesuche fuhr. [...] mein Vater war ein klassischer Landdoktor, der ein breites praktisches Wissen in der Medizin besaß und vieles konnte und tat, was heute Spezialisten vorbehalten ist." Während Ihres Studiums, das Sie an den Universitäten Münster, Innsbruck, Kiel und Göttingen absolvierten, entwickelten Sie dann doch den Wunsch, tiefere Einblicke in das Gebiet viraler Infektionskrankheiten zu erhalten. Obgleich Friedrich LÖFFLER und Paul FROSCH 1898 erstmals Viren beschrieben, war die Situation der modernen Virusforschung in den 1950er Jahren in unserem Land alles andere als ermutigend. Sie stellten fest: „Da virologische Lehrstühle erst ab 1965 an einzelnen deutschen Universitäten gegründet wurden, blieb mir nichts anderes übrig, als ins Ausland zu gehen." Sie gingen mit einem NIH-Stipendium zu Professor Werner HENLE an das *Children's Hospital* nach Philadelphia. Der Wunsch, einmal als praktischer Arzt tätig zu sein, rückte zwar in den Hintergrund, doch Ihnen wurde deutlich, dass zur Erforschung von viralen Erkrankungen mehr gehört als nur die Beherrschung virologischer Untersuchungstechniken.

Nach Ihrer Rückkehr aus den USA erhielten Sie in der Göttinger Universitätskinderklinik bei Professor Gerhard JOPPICH nicht nur eine hervorragende Ausbildung als Pädiater, sondern auch den Freiraum, selbstständig wissenschaftlich zu arbeiten. An einem kleinen, an einer seltenen neurologischen Erkrankung leidenden Patienten entdeckten Sie, dass ein Masernvirus für die Erkrankung des Jungen verantwortlich war. Dazu bemerkt Volker TER MEULEN: „Mit der Entdeckung fand ich mein wissenschaftliches Arbeitsgebiet, das Grundlagenforschung, klinische Virologie und auch Pädiatrie umfasst." Diese Worte kennzeichnen treffend Ihr Forscherdasein, in dem Sie u. a. erkannten, dass das akute Masernvirus sich in langer Inkubationszeit verändert und in das zentrale Nervensystem eindringen kann, wo es immunologisch unsichtbar bleibt.

Nach der Facharztanerkennung für Kinderheilkunde und der Habilitation für Klinische Virologie an der Universität Göttingen wechselte Volker TER MEULEN 1971 an die Universität Würzburg, wo er 1975 auf den Lehrstuhl für Klinische Virologie und Immunologie berufen wurde. Er kommentiert den Wechsel aus der Klinik in Göttingen in ein theoretisches Institut nach Würzburg wie folgt: „Während Patienten in einer Klinik nicht ausbleiben, ist man sich in der Wissenschaft nie sicher, ob man selbst genügend wissenschaftliche Ideen für ein ganzes Berufsleben entwickeln kann."

shared a passion for landscape painting with Alexander von Humboldt and received inspiration by communicating with Ludwig Tieck. Yet, despite all these multiple interests and activities, Carus' life was nonetheless dominated by his work as a physician and natural scientist.

Medicine has also been a focus in the scientific life of Professor ter Meulen. In his speech at the occasion of the Ernst-Jung Medal donation he said; "I started studying medicine in 1955 with the aim of becoming a medical doctor just like my father, whom I accompanied on his home visits as a young boy before the World War Two. [...] My father was a typical country doctor with a broad range of expertise who indeed practised on many fields that are now subject to specialists." During his medical studies, which he pursued at the universities of Münster, Innsbruck, Kiel and Göttingen, he developed an interest in viral infection diseases. Although Friedrich Löffler and Paul Frosch were the first to describe viruses far back in 1898, the situation in the field of modern virology was not encouraging in our country in the 1950s, ter Meulen stated. "Chairs for virology were established at just a few German universities only after 1965, and so I had no choice but to go abroad." He received an NIH grant and went to Professor Werner Henle at the Children's Hospital in Philadelphia. The desire to work as a medical doctor was no longer a priority, but it became evident that research on viral diseases was more than simply mastering virological techniques.

Volker ter Meulen returned from the USA to the Paediatric Hospital at the university of Göttingen to work with Professor Gerhard Joppich. He received not just excellent training as a paediatrician but also the space and freedom for doing independent research. Treating a young boy who was suffering from a rare neurological disease, he identified a measles virus as the causative agent. Volker ter Meulen noted: "When I discovered this correlation, I also identified my field of research which encompassed basic research, clinical virology and paediatrics." These disciplines well reflect his life as a researcher, a life in which he discovered, among other things, that an acute measles virus changes over a long incubation period and is able to enter the central nervous system, where it remains immunologically invisible.

Ladies and Gentlemen, Volker ter Meulen completed his paediatric training and his *Habilitation* in Clinical Virology and then moved to the University of Würzburg where he was appointed as a chair of Clinical Virology and Immunology in 1975. He commented on the move from the hospital in Göttingen to a research institute in Würzburg: "While one never runs out of patients in a hospital, one can never be sure if the ability to create new ideas in research will last for a whole career."

Professor ter Meulen has never run out of ideas. A number of large-scale virology and molecular biology research projects have been carried out at his department, including the structure and replication of corona viruses which cause SARS, pathogenetic studies of virus groups in animal models and research on HIV and spuma viruses. More than 400 publications are the record of our leaving president's scientific work.

Aside from his research, Volker ter Meulen has been active on numbers of committees, panels and boards. Here, I only like to mention the Council of Sciences and Humanities, where he was a leading member in restructuring medicine after the reunification of Germany. I will also only briefly referring to numerous prizes and awards: the Max-Planck Research Award (1992), the Emil-von-Behring Award of the University of Marburg (2000), the Ernst-Jung Medal for Medicine in gold (2003) and the Robert-Koch Medal in gold in 2009.

Bärbel Friedrich

An Ideen und deren Umsetzung hat es Herrn TER MEULEN nie gemangelt. An seinem Lehrstuhl wurden weitere große virologische und molekularbiologische Forschungsprojekte durchgeführt, z. B. zur Struktur und Replikation von Coronaviren, die die SARS-Erkrankung auslösen, pathogenetische Studien über Virusgruppen in Tiermodellen und Untersuchungen zu HIV und Spumaviren. Mehr als 400 Originalarbeiten geben Aufschluss über das Œuvre unseres scheidenden Präsidenten.

Volker TER MEULEN war neben seiner wissenschaftlichen Tätigkeit in zahlreichen Gremien tätig, ich möchte nur den Wissenschaftsrat nennen, in dem er sich in der Wendezeit besonders um die Neuordnung der Medizin verdient gemacht hat. Von den zahlreichen Preisen und Auszeichnungen nenne ich den Max-Planck-Forschungspreis (1992), den Emil-von-Behring-Preis der Universität Marburg (2000), die Ernst-Jung-Medaille für Medizin in Gold (2003) sowie die 2009 verliehene Robert-Koch-Medaille in Gold.

Ähnlich wie Carl Gustav CARUS waren Sie, lieber Herr TER MEULEN, sieben Jahre Präsident der Leopoldina. Anders als CARUS, den die Historiker als den letzten Präsidenten der späten Goethezeit charakterisierten, der nicht mehr die nötigen Reformen innerhalb der Akademie durchführen konnte, haben Sie die Leopoldina in eine neue Zeit geführt. Herr WINNACKER hat bei Ihrem Amtsantritt 2003 in seiner Laudatio die Frage gestellt „Quo vadis Leopoldina?" Sie haben den Weg der Akademie klar gezeichnet. Mit dem Blick für das Wesentliche haben Sie die Leopoldina international geöffnet, Führung in hochrangigen Gremien übernommen, und spätestens im Juli 2008 mit der Ernennung der Deutschen Akademie der Naturforscher Leopoldina zur Nationalen Akademie der Wissenschaften durch die Gemeinsame Wissenschaftskonferenz war Herrn WINNACKERS Frage beantwortet.

Die Mitglieder der Leopoldina sind sich der Herausforderung bewusst, unter der Schirmherrschaft des Bundespräsidenten, neue Aufgaben der Beratung und internationalen Repräsentanz zu übernehmen. Ihnen, lieber Herr TER MEULEN, danken wir daher sehr für diese Wegbereitung. Unsere Wehmut bei diesem Abschied wird jedoch gelindert, denn Sie bleiben uns nahe – als Vorsitzender der Vereinigung der Nationalen Wissenschaftsakademien der EU-Mitgliedstaaten (EASAC), deren Büro im April von London nach Halle übersiedeln wird. Für diese Arbeit wünschen wir Ihnen Kraft und gutes Gelingen.

Sehr geehrte Damen und Herren, am 1. Oktober 2009 wurde vom Senat der Leopoldina in geheimer Abstimmung Jörg HACKER zum neuen Präsidenten gewählt. Dazu beglückwünsche ich ihn herzlich. Mit dieser Wahl erfolgte nicht allein eine personelle Änderung, sondern erstmals tritt ein Präsident das Amt im Hauptamt an. Diese Regelung ist dem Zuwachs an Pflichten und neuen Aufgaben angepasst. Dafür ist Jörg HACKER bestens gewappnet.

In der mir verbleibenden Zeit kann ich seinen Werdegang nur kurz skizzieren. Er wurde 1952 in Grevesmühlen, in Mecklenburg, geboren und hat bereits sehr früh Kontakte zur Martin-Luther-Universität in Halle geknüpft. Dort studierte er Biologie mit Schwerpunkt Genetik und Mikrobiologie und promovierte 1979. Unter der Präsidentschaft von Kurt MOTHES fand in dieser Zeit eine großartige Jahresversammlung der Leopoldina über Evolution statt, die Persönlichkeiten wie Max DELBRÜCK, Erwin CHARGAFF, Manfred EIGEN, Carl Friedrich VON WEIZÄCKER und andere nach Halle führte und junge Wissenschaftler wie Jörg HACKER und auch mich – hier kreuzten sich erstmals unsere Wege, wie wir später feststellten – tief beeindruckten und ein besonderes Verhältnis zur Leopoldina begründeten.

Begrüßung / Welcome Address

Like Carl Gustav CARUS, Professor TER MEULEN has been President of the Leopoldina for seven years. Unlike CARUS, whom historians characterise as the last president in the late Goethe period who failed to establish necessary reforms in the Academy, Volker TER MEULEN led the Leopoldina into a new era. At the end of his speech at the occasion of TER MEULEN's inauguration in 2003, Professor WINNACKER asked: "Quo vadis Leopoldina?" He has shown us the directions very clearly. In a straightforward manner, you have introduced the Leopoldina into the international scientific world, he has taken a leading role in high-ranking panels and committees. When the German Academy of Sciences Leopoldina was established as the National Academy of Science at the Joint Science Conference in July 2008, Professor WINNACKER's question found a clear answer.

The members of the Leopoldina are aware of the challenges facing them as the Academy, under the patronage of the President of Germany, takes on new roles as scientific advisor and international representative of German science. We are very grateful to Professor TER MEULEN, for paving the way. Farewells have a general sense of sadness. Our sadness, however, is tempered by the knowledge that Volker TER MEULEN will not be far away – as President of the European Academies Science Advisory Council, his office is moving from London to Halle in April. We wish you an enjoyable and successful new commitment.

Ladies and gentlemen!
On the 1st of October 2009, the Senate of the Leopoldina elected Jörg HACKER as its new president. Congratulation and best wishes! In this case, the election means more than just a change of person; Professor HACKER is the first full-time president of the Academy. This change results from the growing number of duties, commitments and challenges that are demanded by this position, and Jörg HACKER is excellently qualified to cope with this situation.

In the time remaining, I can only briefly review his career. Jörg HACKER was born in 1952, raised in Grevesmühlen (Mecklenburg) and had his first contact with the *Martin-Luther-Universität* in Halle rather early in his scientific career. He studied biology, majoring in genetics and microbiology, and was awarded a doctorate in 1979. Under the Presidency of Kurt MOTHES, the Leopoldina had a marvellous annual assembly on the topic of evolution. This conference attracted many famous scientists, such as Max DELBRÜCK, Erwin CHARGAFF, Manfred EIGEN, Carl Friedrich VON WEIZÄCKER and others. This was a very impressive event for young scientists like Jörg HACKER and myself, because we discovered later that this was the first time that we have met and both of us had the feeling that the Leopoldina is a very special, highly reputed institution.

Jörg HACKER completed his *Habilitation* in microbiology at the University of Würzburg in 1986, was appointed as a Professor in 1988 and advanced to the Chair for Molecular Infection Biology in 1993. He stayed in Würzburg until 2008 before he moved as the President of the Robert-Koch Institute to Berlin.

As a bacteriologist, Jörg HACKER has focussed his research on the molecular biology of bacterial pathogens, and particularly the intestinal bacteria *Escherichia coli* and other representatives of the genera *Legionella* and *Staphylococci*. His group has contributed significantly to understanding of how the change from a harmless to an uropathogenic bacterium takes place. A sensational discovery was the identification of virulence factors, so-called pathogenic islands, in the chromosome of *E. coli*, and the observation that bacteria cause DNA double-strand breaks in eukaryotic cells and can even produce new forms of polyketide antibiotics. Much of this work was done in co-operation with other institutions. Professor

Bärbel Friedrich

An der Universität Würzburg habilitierte sich Jörg HACKER 1986 für das Fach Mikrobiologie und wurde 1988 zum Professor ernannt sowie 1993 auf den Lehrstuhl für Molekulare Infektionsbiologie berufen. Er blieb in Würzburg bis zu seinem Wechsel an das Robert Koch-Institut in Berlin im Jahr 2008.

Als Bakteriologe hat sich Jörg HACKER besonders der Molekularbiologie bakterieller Krankheitserreger, hauptsächlich des Darmbakteriums *Escherichia coli* und von Vertretern der Legionellen und Staphylokokken, zugewandt. Durch vergleichende Genomanalysen hat seine Arbeitsgruppe wesentlich zu der Erkenntnis beigetragen, wie sich der Wandel von einem harmlosen zu einem uropathogenen Bakterienstamm vollzieht. Aufsehen erregten die Beobachtungen, dass sich Virulenzfaktoren, sogenannte Pathogenitätsinseln, im Chromosom von *E. coli* bilden, dass das Bakterium DNA-Doppelstrangbrüche in eukaryoten Zellen verursacht und sogar in der Lage ist, neuartige Polyketidantibiotika zu produzieren. Viele dieser Arbeiten sind in Kooperationen entstanden, so war Jörg HACKER mehrmals als Gastprofessor am *Institut Pasteur* und am *Sackler Institut for Advanced Studies* in Tel Aviv tätig und koordinierte Forschungsverbünde mehrerer europäischer Netzwerke für Genomforschung an pathogenen Organismen. Jörg HACKER hat zahlreiche wissenschaftliche Auszeichnungen und Ehrenmitgliedschaften erhalten, ich erwähne exemplarisch den Preis der Deutschen Gesellschaft für Hygiene und Mikrobiologie (1994), die Carus-Medaille der Leopoldina (2001), den *André Lwoff Award* (2006) und den Preis der Arthur-Burkhardt-Stiftung für Wissenschaftsförderung (2008).

Jörg HACKER ist nicht nur ein vorzüglicher Wissenschaftler und ein allseits geschätzter Kollege in der mikrobiologischen *Community*, sondern er hat sich auch wirkungsvoll für die Vermittlung der wissenschaftlichen Belange in Politik und Gesellschaft eingesetzt. Als Vizepräsident der Deutschen Forschungsgemeinschaft war er von 2003 bis 2009 maßgeblich an Stellungnahmen und Diskussionen über den Einsatz embryonaler Stammzellen und die Grüne Gentechnik beteiligt. Dabei hat er die Freiheit der Forschung einerseits und die ethische Verantwortung andererseits im Blick gehabt. Ich wünsche Jörg HACKER eine ebenso glückliche Hand bei der Bewältigung der anstehenden Aufgaben in der Leopoldina und versichere ihm die Unterstützung des Präsidiums, des Senats und der Mitglieder der Akademie.

So gerüstet wird auch unser neuer Präsident „Nach Wahrheit forschen, Schönheit lieben, Gutes wollen, das Beste tun", wie der 1729 im benachbarten Dessau geborene Philosoph Moses MENDELSSOHN formulierte und abschließend befand: „das ist die Bestimmung des Menschen".

Prof. Dr. Bärbel FRIEDRICH
Institut für Biologie
Humboldt-Universität Berlin
Chausseestraße 117
10115 Berlin
Bundesrepublik Deutschland

HACKER has been a guest professor at the *Institute Pasteur* and at the Sackler Institute for Advanced Studies in Tel Aviv. He has co-ordinated research teams in several European research networks working on genomes of pathogenic organisms. Jörg HACKER has received a number of scientific awards and honorary memberships: the Annual Award of the German Society for Hygiene and Microbiology (1994), the Leopoldina's Carus Medal (2001), the André-Lwoff Award (2006) and the award of the *Arthur-Burkhardt-Stiftung* for promoting research (2008), to mention just a few.

Jörg HACKER is not only an excellent researcher and highly acknowledged member of the microbiology community, he is also a brilliant science communicator on the political and social levels. While he was Vice-President of the German Research Foundation, he was instrumentally involved in the discussions and debates on the use of embryonic stem cells and genetically modified plants. Jörg HACKER always tried to find the right balance between freedom of research on the one hand and ethical responsibilities on the other hand. I wish him best luck and success in his future work at the Leopoldina and promise conceivable support by the Presidium, the Senate and the members of the Academy.

With this in mind, our new President will "Nach Wahrheit forschen, Schönheit lieben, Gutes wollen, das Beste tun", as Moses MENDELSSOHN, the philosopher born in neighbouring Dessau wrote in 1729. He concluded, "das ist die Bestimmung des Menschen".

Prof. Dr. Bärbel FRIEDRICH
Department of Biology
Humboldt-Universität Berlin
Chausseestraße 117
10115 Berlin
Germany

Der designierte Leopoldina-Präsident Jörg HACKER ML, die Bundesministerin für Bildung und Forschung Annette SCHAVAN und der scheidende Leopoldina-Präsident Volker TER MEULEN ML.

The new President of the Leopoldina Jörg HACKER ML, the Federal Minister of Education and Research Annette SCHAVAN, and the outgoing President of the Leopoldina Volker TER MEULEN ML.

Dank und Willkommen

Welcome and Address of Appreciation

Annette Schavan (Berlin)
Bundesministerin für Bildung und Forschung / Federal Minister of Education and Research

Annette Schavan

Herr Ministerpräsident, lieber Herr BÖHMER,
Herr Kollege OLBERTZ,
meine sehr verehrten Damen und Herren,
hohe Festversammlung,

die Ernennung der Leopoldina zur Nationalen Akademie der Wissenschaften war ein wichtiger Schritt in mehrerlei Hinsicht. Er hat in der breiten Landschaft von Wissenschaft und Forschung in Deutschland den wertvollen Beitrag der Akademiearbeit öffentlich sichtbar gemacht – übrigens auch der Akademien der Länder, die nicht so im Lichte der Öffentlichkeit stehen, wie das durchaus mit Blick auf die großen Verdienste, die in jeder dieser Akademien liegen, richtig wäre. Mit der Ernennung der Leopoldina zur Nationalen Akademie der Wissenschaften und der etwa zeitgleichen Gründung der Deutschen Akademie der Technikwissenschaften haben wir eine neue Wegstrecke begonnen, bei der alle Mitglieder dieses Akademiewesens in Deutschland eng zusammenwirken. So steht auch die Leopoldina in gutem Kontakt vor allem zur Akademie der Technikwissenschaften, der Berlin-Brandenburgischen Akademie der Wissenschaften und der Union der Länderakademien. Wir haben also etwas sehr Bedeutendes auf den Weg gebracht.

Diese Auffassung teile ich ausdrücklich mit einer Reihe von Kolleginnen und Kollegen, nicht nur in der Regierung, sondern auch im Deutschen Bundestag. Wir alle sind davon überzeugt, dass der Dialog von Politik und Wissenschaft an Bedeutung gewonnen hat. Dieser Dialog ist notwendig, wenn Politik über die Gestaltung vieler Alltagsfragen hinaus Weichen richtig und verantwortungsbewusst stellen will, und zwar in all den Fragen, die uns beschäftigen und die immer stärker auf die Möglichkeiten, den Lebensraum und die Lebensqualität künftiger Generationen ausgerichtet sind. Ich muss dazu gar nicht die klassischen Themen nennen, die heute in jeder Festrede vorkommen: die Energieversorgung, den Klimawandel und vergleichbare Fragen.

Die Vernunft der Wissenschaft ist für die Vernunft der Politik von großer Bedeutung. Deshalb bin ich froh, dass wir nach einem gewissen Diskussionsprozess diesen Schritt tun konnten und bin Ihnen, verehrter, lieber Herr Prof. TER MEULEN, außerordentlich dankbar für die Umsicht, die Konsequenz und die Nachdrücklichkeit, mit denen Sie den Prozess gestaltet und vorangebracht haben. Bei Ihrer Antrittsrede am 13. Februar 2003 haben Sie gesagt: Die Leopoldina ist bereit, die Aufgabe einer nationalen Akademie zu übernehmen, ihren Aufgabenbereich zu erweitern und dementsprechend ihre Strukturen anzupassen. Als es dann 2008 so weit war, waren Sie innerlich längst vorbereitet. Sie hatten einen Plan, und dieser Plan wird uns in Deutschland, wird der Gesellschaft und der Politik gut tun.

Die Leopoldina ist eine von Jahren ehrwürdige Institution und zugleich mit Blick auf ihre neue Rolle eine sehr junge. Es ist ein interessanter Prozess und ein weiter Weg, um ein gutes Zusammenspiel von Wissenschaft und Politik zu ermöglichen, um gute Wege der Politikberatung zu ebnen und bewusst zu machen. Akademiearbeit erschöpft sich nicht in Politikberatung – auch nicht in der Behandlung von Themen, die gerade *en vogue* sind. Der besondere Wert der Akademien liegt ja gerade darin, an das zu denken und sich mit dem intensiv zu beschäftigen, was möglicherweise in dieser Gesellschaft zurzeit – noch – nicht diskutiert wird.

Ich möchte Ihnen, lieber Herr TER MEULEN, von Herzen für einen ungewöhnlich großen Einsatz und für Ihre Nachdrücklichkeit danken. Es gibt Menschen, die glauben, dass Lautstärke ihren Worten Nachdruck verleiht oder eine bestimmte Maßlosigkeit der Rhetorik ihre

Dank und Willkommen / Welcome and Address of Appreciation

Minister-President BÖHMER,
Minister OLBERTZ,
Ladies and Gentlemen,
Distinguished guests,

The nomination of the Leopoldina as the National Academy of Sciences was an important step in a number of ways. In the broad landscape of science and research in Germany, it drew the public's attention to the valuable contribution made by the academies, including the *Länder* academies whose public profile is by no means as high as their considerable achievements would merit. By nominating the Leopoldina as the National Academy of Sciences and establishing the German Academy of Science and Engineering at almost the same time, we have set out on a new path where all of the members of the academies in Germany are working closely together. For instance, the Leopoldina has particularly strong contacts with the Academy of Science and Engineering, the Berlin-Brandenburg Academy of Sciences and Humanities and the Union of *Länder* Academies. We have created something very important here.

I can assure you that I share this opinion with a number of my colleagues both in the government and the *Bundestag*. We are all convinced that the dialogue between politicians and scientists has become increasingly important. Dialogue is necessary if politics is to do more than deal with mere everyday issues and is to set the right and responsible course in all the matters which are of concern to us and which increasingly involve the opportunities, the environment and the quality of life of future generations. I am sure I do not need to go into more detail here. These topics crop up in every speech nowadays: energy supply, climate change and similar questions.

The rationality of science is very important for the rationality of politics. This is why I am very glad that, after a certain amount of discussion, we were able to take the step we have taken. I am extremely grateful to you, Professor TER MEULEN, for the circumspection, constancy and perseverance with which you have guided and developed this process. In your inaugural address as President on 13 February 2003, you said that the Leopoldina was ready to take on the role of a national academy, to expand its terms of reference and to adjust its structures accordingly. When the moment finally arrived in 2008, you had been ready and waiting for a long time. You had a plan, and that plan will help us in Germany, it will benefit both society and politics.

In terms of years, the Leopoldina is a venerable institution; in terms of its new role, it is a very young one. The process of enabling an effective interplay between science and politics is interesting, but there is a lot of ground to be covered to prepare the channels for scientific consultation and raise awareness for them. The work of an academy is not limited to providing policy advice, or to discussing subjects that are currently *en vogue*. The particular value of academies is precisely that they consider and concern themselves very intensively with issues that are not – yet – being discussed in society.

I would like to sincerely thank you, Professor TER MEULEN, for your outstanding efforts and your perseverance. There are people in this world who think that they can make their point by raising their voices or using excessive rhetoric. This is not your style. You project dignity, show respect for the people you are dealing with and radiate an extraordinary friendliness which no-one should ever confuse with indecisiveness or lack of assertiveness. That is why it was particularly fortunate that you were in charge of shaping and constituting a national academy of sciences.

Anliegen stärkt. Das ist das genaue Gegenteil von Ihnen – der Würde, die Sie ausstrahlen, dem Respekt, den Sie denen gegenüber erweisen, mit denen Sie zu tun haben, und dieser außerordentlichen Menschenfreundlichkeit, die von Ihnen ausgeht, die aber niemand mit mangelnder Entschlusskraft oder mangelndem Durchsetzungsvermögen verwechseln sollte. Deshalb war das eine besonders gute Fügung, dass gerade Sie diesen Prozess zur tatsächlichen Konstituierung einer Nationalen Akademie der Wissenschaften gestaltet und verantwortet haben.

Das zweite, was ich hervorheben möchte, ist die internationale Vernetzung. Die Kooperation mit den nationalen Akademien anderer Länder und die Präsenz der Leopoldina in internationalen Gremien sind für den Akademie- und Wissenschaftsstandort Deutschland von großer Bedeutung und haben einen hohen Reiz. Die internationalen Verbindungen waren aus der Forschung noch nie wegzudenken. Sie sind auch immer weniger aus der internationalen Wissenschafts- und Forschungspolitik wegzudenken. Deshalb ist es ein Glücksfall, dass die Leopoldina einen hohen Respekt im Kreis der internationalen Akademien genießt, und nun auch die Geschäftsstelle des europäischen Rates der Akademien nach Halle kommt. Wir sind froh darüber, dass es eine solche Intensivierung und hohe Präsenz der Forscherinnen und Forscher der Organisationen aus Deutschland im internationalen Kontext gibt. Wir hatten in den vergangenen Monaten viele Gelegenheiten, uns Gedanken darüber zu machen, wozu wir diese intensivierte Internationalität der Forschungspolitik nutzen werden. Sie ist ganz besonders da wichtig, wo es um die großen Fragen und Probleme geht, mit denen die internationale Politik sich derzeit beschäftigt.

Der G8-Gipfel in Heiligendamm – und zwar das, was von den Staats- und Regierungschefs dort mit Blick auf Klima- und Energiefragen diskutiert wurde sowie deren Konsequenzen – ist ein herausragendes Beispiel für Veränderungen in der Mentalität der Politik. Er ist ein herausragendes Beispiel dafür, wie künftig der Dialog zwischen Wissenschaft und Politik bzw. zwischen Politik und Wissenschaft aussehen wird – erweitert um die prägende und innovative Kraft der Wirtschaft. Auch das haben wir in den vergangenen Jahren zunehmend in neue Strukturen einer strukturellen Weiterentwicklung am Forschungsstandort Deutschland aufgenommen.

Ich möchte Ihnen, lieber Herr TER MEULEN, danken für Ihr großes Engagement, für Ihre großen Verdienste in Wissenschaft, Wissenschaftspolitik und Politikberatung. Ich möchte Ihnen danken für viele gute Begegnungen, in denen wir über Fragen sprechen konnten, die die nächsten Jahre am Wissenschafts- und Akademiestandort Deutschland betreffen. Ich sage es in der kürzesten Formel, die man bei einer solchen Gelegenheit finden kann: Sie haben sich um die Wissenschaft, um die Politik, um unser Land verdient gemacht.

Und weil das alles so ist, ist es auch wunderbar, dass Sie jetzt nicht in den Ruhestand eintreten, von dem man sich gar nicht vorstellen könnte, wie er so richtig aussehen sollte, sondern mit diesem reichen Erfahrungsschatz auch in der internationalen Arbeit und der weiteren Begleitung in der Leopoldina tätig sein werden. Deshalb freue ich mich auf unsere künftigen Begegnungen, lieber Herr TER MEULEN.

Gleichzeitig heiße ich Sie, lieber Herr Prof. HACKER, herzlich willkommen. Ich freue mich sehr und finde, dass der Leopoldina mit Ihnen eine gute Weiterentwicklung vorgezeichnet ist. Ich freue mich außerordentlich auf unsere Zusammenarbeit. Das Schlüsselerlebnis in unseren bisherigen Begegnungen und unserer Zusammenarbeit war für mich meine Rede über Stammzellforschung im Deutschen Bundestag: Sie sitzen auf der Zuschauertribüne des Deutschen Bundestages, ich stehe am Rednerpult und halte die Rede. Und allein

The second aspect I would like to highlight is that of international networking. It is very important for Germany as a land of science and research that the Leopoldina co-operates with the national academies of other countries and that it is present on international committees and panels. This also provides a powerful stimulus. International contacts have always been an integral part of research, and they are becoming an increasingly integral part of international science and research policy too. So it is fortunate indeed that the Leopoldina enjoys such great respect among other national academies and that the European Academies Science Advisory Council is moving its office here to Halle. We are delighted to see this intensification of relations and to see that researchers and scientists from German organisations are so well represented on the international scene. We have had plenty of opportunities in the last few months to think about how we can make use of this intensified internationality in our science and research policy. An international approach is particularly important in the context of the major issues with which international politics is currently concerned.

The G8 summit in Heiligendamm – and in particular the issues which the heads of state and government discussed there with regard to the climate and energy and their importance – is an excellent example of the change of mentality in politics. It is an excellent example of how the dialogue between science and politics and between politics and science will look in the future – augmented by the influential and innovative strength of business. We have also focussed on including this in the new structures to develop Germany as a land of science and research.

I would like to thank you, Professor TER MEULEN, for your commitment, for your many achievements on behalf of science, research policy and political counselling. I would like to thank you for the many productive meetings we have had where we discussed issues that will affect Germany as a location for science and research. I will say it as succinctly as possible on an occasion such as this; you have rendered outstanding services to science and politics and to our country.

And because this is the case, we are delighted that you are not going to retire – something that, frankly, it is hard to imagine in your case. Instead, you are going to continue to make the benefits of your rich experience available on an international level and will also accompany the Leopoldina on its further course. I therefore look forward to meeting you again in the future.

I would now like to warmly welcome you, Professor HACKER. I am very much looking forward to working with you and believe that the Leopoldina can anticipate a bright future under your guidance. The crucial experience for me in our encounters and work together so far was my speech in the *Bundestag* on stem cell research: you were up in the visitors' gallery and I was at the lectern, speaking. Your expression alone on that occasion was enough to prompt me to say now that I am delighted that someone is taking office who does not simply dismiss the most difficult issues, who does not dig in his heels, but who sets about finding ways to link opportunities, while asking the question; how can we act responsibly? And not just with reference to stem cell research, but also with regard to green genetic technology and many other topics that affect science and society; issues that are difficult to discuss in the culture of our society and where the question of responsibility is not easy to clarify. I look forward to working with you and I would like to congratulate you on your appointment. My very best wishes and God's blessing for your work.

Annette Schavan

Ihr Blick war so, dass ich jetzt sage: Ich freue mich sehr darauf, dass jemand das Amt übernimmt, der bei den schwierigsten Themen nicht einfach abwehrt, nicht beharrt, sondern sich auf den Weg macht, die damit verbundenen Chancen mit der Frage zu verbinden: Wie nehmen wir Verantwortung wahr? Und dazu gehört nicht nur die Stammzellforschung, sondern auch die Grüne Gentechnik und vieles mehr, was Wissenschaft und Gesellschaft bewegt und womit in der Kultur der Gesellschaft schwer umzugehen bzw. wobei die Frage der Verantwortung nur schwierig zu klären ist. Ich freue mich auf unsere Zusammenarbeit. Ich gratuliere Ihnen herzlich. Alle guten Wünsche und Gottes Segen für Ihr Amt.

       Bundesministerin für Bildung und Forschung
       Prof. Dr. Annette Schavan
       Bundesministerium für Bildung und Forschung
       Hannoversche Straße 28–30
       10115 Berlin
       Bundesrepublik Deutschland

Grußwort / Address

Wolfgang Böhmer (Magdeburg)
Ministerpräsident des Landes Sachsen-Anhalt / Minister-President of the State of Saxony-Anhalt

Wolfgang Böhmer

Verehrte Frau Bundesministerin, liebe Frau Schavan,
sehr verehrter, lieber Herr ter Meulen,
meine Damen und Herren Präsidenten und Magnifizenzen,
meine sehr verehrten Damen und Herren,

mein Beitrag ist nur schlicht mit Grußwort überschrieben, und deshalb will ich die Gelegenheit nutzen, Ihnen am heutigen Tag nicht nur die Grüße der Landesregierung von Sachsen-Anhalt zu überbringen, sondern auch – und da schließe ich mich völlig dem an, was die Frau Bundesministerin gesagt hat – Ihnen, lieber Herr ter Meulen, den Dank des Landes Sachsen-Anhalt auszusprechen. Die Migration der Leopoldina – das war einmal Thema einer Tagung der Leopoldina – ist schon 1878 zur Ruhe gekommen, und seitdem hat die Akademie ihren festen Sitz in Halle. Ihnen, lieber Herr ter Meulen, ist gelungen, was viele Amtsvorgänger versucht hatten. Schon 1687 wurde die Leopoldina zur Reichsakademie ernannt, was damals mit sehr illustren Privilegien für den Präsidenten verbunden war, auf die Sie wahrscheinlich heute alle verzichten möchten. Spätere Versuche, etwa nach der Gründung des Deutschen Bundes 1815, die Leopoldina zu einem nationalen Institut zu machen, sind an der politischen Situation und dem betont föderalen Strukturverständnis der Politik in Deutschland gescheitert.

In Ihrer Amtsperiode, lieber Herr ter Meulen, ist es gelungen, die Leopoldina zu einer nationalen Akademie zu machen und damit auch ihr Aufgabenfeld zu erweitern. Wir in Sachsen-Anhalt sind dankbar dafür. Mit großer Hilfe der Bundesregierung und (natürlich) kleinerer Hilfe der Landesregierung sowie freundlicher Unterstützung der Stadt Halle ist es geglückt, der Leopoldina hier ein Grundstück und eine Immobilie zur Verfügung zu stellen und die Sanierung zu finanzieren. Ich hoffe, Sie werden dabei sein, wenn spätestens 2012 – wie ich gehört habe – dieses neue repräsentative Gebäude der Leopoldina eingeweiht werden kann.

Herr ter Meulen hat viele internationale Erfahrungen mitgebracht, u. a. als Berater der Bundesregierung, der Weltgesundheitsorganisation sowie der Vereinten Nationen, vor allem natürlich auf dem Gebiet der Gesundheitsvor- und -fürsorge, aber auch darüber hinaus. Sie haben – auch in Ihrer Funktion als Vorsitzender des Rates der europäischen Wissenschaftsakademien – die Strukturen vorgegeben, um eine Akademie aufzubauen, die weit über ihr bisheriges Selbstverständnis hinaus etwas tun soll, was viele mit einer gewissen Neugier erwarten und wovon noch die Rede sein soll, denn das Wort Politikberatung ist ja dehn- und interpretierbar.

Sie geht auf Platon und Aristoteles zurück, und doch hat jeder ein bisschen etwas anderes dabei gemeint. Wir werden das beobachten können, und auch Ihr designierter Nachfolger, Herr Hacker, hat sich schon zu dieser Aufgabe öffentlich in Interviews bekannt. Ihnen, als Bakteriologen, muss ich Immunologie und Resistenz nicht erklären. Aber als jemand, der ein bisschen weiß, was Politik bedeutet, kann ich Ihnen nur eines sagen: Verehrter und lieber Herr Hacker, wer sich auf das Feld der Politikberatung begibt, muss eine besondere Enttäuschungsresistenz entwickelt haben, denn eines ist sicher: Politik ist keine Naturwissenschaft. Sie kann das nicht sein, soll das nicht sein, will das nicht sein. Wenn man wohlwollend ist, könnte man sagen: Politik ist eine Kunst. Und mit den vielen Expertisen und Gutachten, die auch von der Leopoldina schon erstellt worden sind, haben wir alle vor nicht allzu langer Zeit miterlebt, was man da mit dem politischen Geschäft alles machen kann, wie man Sachverhalte auch willkürlich und einseitig unter Weglassung

Grußwort / Address

Minster Schavan,
Professor ter Meulen,
Presidents and Rectors of Universities here assembled,
Ladies and Gentlemen,

My speech today is rather plainly titled "Address," but I intend to take this opportunity today to bring you not just the greetings of the government of the State of Saxony-Anhalt; I subscribe to everything Minister Schavan has said today and want to express the thanks of the government of Saxony-Anhalt to you, Professor ter Meulen. The peregrinations of the Leopoldina – that used to be a topic of discussion – finally came to an end back in 1878, and since then the Academy has been resident here in Halle. Professor ter Meulen, you have actually achieved what many of your predecessors attempted over the years. The Leopoldina was created Imperial Academy as long ago as 1687, and that brought the President numerous privileges, all of which you would probably be quite happy to do without today. After the creation of the German Confederation in 1815, the various attempts to transform the Leopoldina into a national institute all foundered on the rocks of the political situation and the very federal approach of politicians in Germany.

During your time in office, Professor ter Meulen, the Leopoldina has become a National Academy and so has expanded its terms of reference. We here in Saxony-Anhalt are grateful for this expansion. A major contribution from the federal government, a smaller contribution from the government of Saxony-Anhalt (naturally) and the cooperation of the city of Halle meant that a piece of land and a property could be made available to the Leopoldina and that they could be renovated. I hope that you will be present when the Leopoldina's prestigious new headquarters are inaugurated. That should be in 2012 at the latest, or so I have been told.

Professor ter Meulen brought a considerable amount of international experience to the Leopoldina, for example as advisor for the German government, the World Health Organisation and the United Nations, particularly in the field of health care and disease prevention, but his expertise goes far beyond that. Professor ter Meulen, in your capacity as Chairman of the European Academies Science Advisory Council, amongst other roles, you put structures in place for building up an academy that would be in a position to do something that was far beyond what it had ever seen itself doing, something that was eagerly awaited by many people, and something that we still have to discuss, for that something is "political consulting", a term which is stretchable and open to interpretation.

We could go all the way back to Platon and Aristotle and discover that everybody has meant something a little different by the term. We will be able to observe developments, for your successor, Professor Hacker, has already committed himself to the new task in interviews. As a bacteriologist, I don't have to tell you about immunology and resistance. But as someone who knows a little about what politics means, I can say this to you, Professor Hacker: anyone who dabbles in political consulting should develop a healthy resilience to disappointment, because one thing is certain: politics is not a science. It can't be a science, it shouldn't be a science and it doesn't want to be a science. If you are charitable, you might say that politics is an art. And in connection with the large numbers of expert reports and opinions compiled by the Leopoldina and other institutions, we saw not so long ago just what can be done in politics and how facts can be wilfully and deceitfully interpreted, manipulated and instrumentalised by ignoring certain circumstances. All this is inevitable in

bestimmter Umstände interpretieren, manipulieren und instrumentalisieren kann. Alles das ist in der Politik leider nicht ganz vermeidbar. Alles das muss durchgestanden werden. Und alles das kann der Kunst Politik und der Wissenschaft bzw. der wissenschaftlichen Politikberatung eigentlich nur gut tun.

Als ich jetzt zugehört habe und meine Vorredner so viele Sachen aus der Medizingeschichte erzählt haben – von CARUS, aber auch von anderen –, da ist mir eingefallen, dass ich vielleicht doch etwas sagen sollte, das ich gar nicht zu sagen vorhatte. Es gibt sehr gute Beispiele für solche Entwicklungen. Wenigstens diejenigen, die die Medizingeschichte ein bisschen kennen, wissen, dass es bis in die zweite Hälfte des 18. Jahrhunderts üblich war, dass an den Universitäten kluge akademisch gebildete Professoren Vorlesungen über Chirurgie hielten, aber nie auf den Gedanken gekommen wären, sich die eigenen Finger blutig zu machen. Daneben gab es die Kunst der Wundärzte, die das richtig praktizierten. Sie hatten das von ihren Vorfahren – oder wem auch immer – als handwerkliche Tätigkeit gelernt, wären aber nie auf den Gedanken gekommen, Vorlesungen an einer Universität zu hören. Erst als beide zusammenkamen, indem die Wundärzte Vorlesungen hörten und die akademischen Chirurgen sich tatsächlich praktisch damit beschäftigten, das auch zu machen, was sie lehrten, führte das zu einer ganz tollen Entwicklung des Faches. Wenn wir es also sehr positiv sehen und viel Hoffnung hineinstecken, könnte es sein, dass die Kunst der praktischen Politik und die wissenschaftliche Beratung durch die Akademien ebenfalls zu einer solchen Entwicklung führen. Ich kann es nur hoffen.

Wenn es Ihnen gelingt, mit viel Fleiß, viel Engagement und viel Mühe der Gutachter aus den Akademien die Entscheidungsfindung in der praktischen Politik immer mehr zu versachlichen bzw. naturwissenschaftlichen Denkweisen zu unterstellen, könnte das eigentlich uns allen nur gut tun. Wenn diese Entwicklung von der Leopoldina ausgeht und dieser Prozess hier in Halle, bei uns in Sachsen-Anhalt, organisiert wird, und das ein Schwerpunkt Ihrer Tätigkeit werden soll, dann dürfen wir alle mit Recht gespannt sein und Ihnen dazu viel Glück und alles, alles Gute wünschen.

        Ministerpräsident
        Prof. Dr. Wolfgang BÖHMER
        Staatskanzlei des Landes Sachsen-Anhalt
        Hegelstraße 40–42
        39104 Magdeburg
        Bundesrepublik Deutschland

politics to some degree, sadly. All this has to be put up with. And all this can actually only do the art of politics and science, or scientific consulting for politicians, good.

I've been listening today, and when the speakers before me mentioned so many things from the history of medicine – about Carus, but other people as well – I thought that I would perhaps say something that I hadn't originally been planning to say. There are good examples of this kind of development. Anybody who knows a little medical history will know that it was common in the second half of the 18th century for highly educated, academic professors to give lectures on surgery at universities without actually ever even thinking about getting blood on their hands. And then there were the surgeons who actually did the work. They had learned their "trade" in the most literal sense as a manual skill from their predecessors – or whatever source was available – and would never have dreamed of attending lectures at a university. When the two came together, when the surgeons started listening to lectures and the professors started practising what they preached, it brought about great developments in the field. So, if we look at the matter very positively and invest a great deal of hope, perhaps the art of practical politics and the science of political consulting by academies can together also give rise to a similar development. I certainly hope so.

If, with the hard work, commitment and efforts of the experts in the academies, you manage to make decision-making in practical politics more objective and more scientifically detached, that would in fact benefit us all. If this development is initiated by the Leopoldina and if the process is organised from here in Halle, here in Saxony-Anhalt, and if this is to become a focus of your activities, then we really can look forward to the future and can only wish you good luck and all the very best.

        Minister-President
        Prof. Dr. Wolfgang Böhmer
        Staatskanzlei des Landes Sachsen-Anhalt
        Hegelstraße 40–42
        39104 Magdeburg
        Germany

Norbert ELSNER ML, 1. Vizepräsident der Akademie der Wissenschaften zu Göttingen, Henning KAGERMANN, Präsident der Deutschen Akademie der Technikwissenschaften (acatech), Harald ZUR HAUSEN ML, ehemaliger Vizepräsident der Leopoldina, Jan-Hendrik OLBERTZ, Kultusminister des Landes Sachsen-Anhalt.

Norbert ELSNER ML, 1st Vice-President of the Academy of Sciences and Humanities, Henning KAGERMANN, President of the German Academy of Science and Engineering (acatech), Harald ZUR HAUSEN ML, former Vice-President of the Leopoldina, Jan-Hendrik OLBERTZ, Minister for Education of the State of Saxony-Anhalt.

Abschiedsrede des scheidenden Präsidenten

Farewell Address by the Outgoing President

Volker TER MEULEN ML (Halle a. d. Saale/Würzburg)

Volker ter Meulen

Sehr verehrte Frau Ministerin Schavan,
sehr geehrter Herr Ministerpräsident Böhmer,
lieber Herr Minister Olbertz,
verehrte Akademiemitglieder und Gäste,
lieber Herr Hacker,
lieber Herr Mittelstrass,
Hohe Festversammlung!

I.

Vor sieben Jahren, fast auf den Tag genau, wurde mir die Leitung der Akademie in einem Festakt wie heute übertragen, und in mir – wie vielleicht auch in Ihnen, die damals anwesend waren – entstehen Bilder der Erinnerung, wie Aspekte der Vergangenheit, Gegenwart und Zukunft unserer Akademie in Ansprachen beleuchtet wurden – so wie dies der Tradition der Leopoldina entspricht.

Mir sind aber auch die Monate davor noch in sehr guter Erinnerung. Ich stand damals vor einer wichtigen Entscheidung. Ich hatte nämlich die Möglichkeit, nach meiner Emeritierung 2002 eine Professur für Virologie an der *Medical School* der *Columbia University*, New York, zu übernehmen, um dort meine Forschungsprojekte fortzuführen. Fast zeitgleich trat die Findungskommission des Präsidiums der Leopoldina an mich heran, ob ich bereit sei, für die Präsidentschaft der Leopoldina zu kandidieren. Beide Angebote waren verlockend, wobei meine Vorstellungen von meinen virologischen Forschungszielen natürlich viel konkreter waren als die auf mich zukommenden Herausforderungen als Leopoldina-Präsident. Letztlich gab den Ausschlag für die Entscheidung meine Frau, die lieber in Deutschland im Umfeld von Familie und Freunden leben wollte als in den USA. So entschied ich mich für die Leopoldina, eine Entscheidung, die ich nicht bereue. Im Gegenteil, meine Tätigkeit als Präsident hat mir Freude gemacht. Sie hat mich bereichert, meinen wissenschaftlichen Horizont erweitert und mir einen tieferen Einblick in die deutsche und internationale Wissenschaftslandschaft vermittelt, den ich als Mediziner und Virologe wohl sonst nicht erhalten hätte.

In meiner Rede möchte ich heute keinen Rechenschaftsbericht geben, so wie in meinen Ansprachen auf den Jahresversammlungen, sondern mich viel mehr zu einigen Leopoldina-Besonderheiten, Aktivitäten und Ereignissen äußern, die mich beschäftigt und herausgefordert haben. Meine Beziehung zur Leopoldina weist vier Phasen auf:

- Mitglied der Akademie seit 1984,
- Mitglied des Präsidiums seit 1993,
- Vizepräsident seit 1998 und
- Präsident seit 2003.

Meine Mitgliedschaft begann also zu der Zeit des DDR-Regimes. Wie viele Mitglieder, die zugewählt werden, wusste ich nicht viel über die Akademie. Mir war bekannt, dass viele bedeutende Wissenschaftler des In- und Auslandes Leopoldina-Mitglieder waren, und so war ich mir der Ehre, die diese Wahl bedeutete, durchaus bewusst, obwohl ich von der Akademie selbst keine rechten Vorstellungen hatte. Das änderte sich jedoch mit meiner Teilnahme an Jahresversammlungen und Symposien. Was mir damals besonders auffiel, war die freundliche und herzliche Aufnahme, die meine Frau und ich durch Leopoldina-Mitglie-

Abschiedsrede des scheidenden Präsidenten / Farewell Address by the Outgoing President

Minister Schavan,
Minister-President Böhmer,
Minister Olbertz,
Members of the Academy and guests,
Professor Hacker,
Professor Mittelstrass,
Distinguished guests!

I.

Seven years ago, almost to the day, the presidency of the Academy was passed to me in an inauguration ceremony like today's. Today – perhaps like those of you who were also there – my head has been filled with reminiscences, as well as with the aspects of the past, the present and the future of our academy that we have been hearing about in the speeches – as is the Leopoldina tradition.

My memories of the months prior to my election are very clear. Back then, I found myself faced with a major decision. After becoming professor emeritus in 2002, I had been offered a professorship in virology at Columbia University's Medical School, giving me the opportunity to continue my research in New York. At almost the same time, the search committee of the Leopoldina Presidium approached me and asked if I would be prepared to stand as a candidate for the Presidency of the Leopoldina. Both were tempting offers, although the goals of my virological research were much more concrete to me than the challenges of being Leopoldina President. The decisive factor was ultimately my wife, who wanted to stay in Germany surrounded by family and friends rather than move to the USA. And so I chose the Leopoldina, and it is a decision that I have not regretted. Quite the opposite, in fact; I have greatly enjoyed my time as President. It has enriched me, expanded my scientific horizon and given me the kind of deep understanding of the scientific landscape in Germany and abroad that I most likely would not have gained as a medical scientist and virologist.

I don't intend my speech today to be a statement of account or report like the talks I gave at our Biennial Assemblies. Instead, I would like to look at some of the Leopoldina's characteristics, the activities and the events that have concerned and challenged me. My association with the Leopoldina falls into four phases:

– Member of the Academy since 1984,
– Member of the Presidium since 1993,
– Vice-President from 1998, and
– President since 2003.

As you can see, I became a member when East Germany still existed. Like many members who were elected back then, I didn't know much about the Academy. I did know that a large number of important scientists in Germany and abroad were members, and so I was certainly aware that my election was an honour, but of the Academy itself, I had no real conception. That changed when I began to attend biennial assemblies and symposia. What I particularly noticed was the warm welcome that my wife and I received from Leopoldina members from East Germany. We were given insights into living and working conditions that were barely conceivable for us, and were deeply impressed by the steadfastness, inner strength and courage displayed by scientists in the GDR.

der aus der DDR erfuhren. Wir erhielten Einblicke in die für uns kaum vorstellbaren Lebens- und Arbeitsbedingungen der dortigen Kollegen, deren Standhaftigkeit, innere Stärke und Mut uns sehr beeindruckten.

II.

Mit dem Einzug ins Präsidium wurden meine Kenntnisse über die inneren Strukturen und Arbeitsweisen der Akademie wesentlich erweitert. In dieser Zeit fielen viele wichtige Entscheidungen über eine Neustrukturierung der Akademie, denn es bestand Nachholbedarf, da die Leopoldina zu DDR-Zeiten es nicht wagen konnte, irgendwelche Veränderungen in ihrer Satzung und Wahlordnung vorzunehmen. Dies hätte unübersehbare Folgen nach sich gezogen, da damals wie heute Satzungen einer Akademie richterlich bestätigt werden müssen.

Es galt deshalb nach der Wende, die Struktur der Akademie den modernen Anforderungen der Wissenschaft anzupassen. Wir führten eine Erweiterung des Leitungsgremiums durch, passten die Sektionen den modernen Wissenschaftsgegebenheiten an und gründeten neue Sektionen, die die Grenzbereiche zu Kultur-, Geistes- und Sozialwissenschaften und Psychologie berücksichtigten. Aber auch die Technik- und Informationswissenschaften wurden als Sektionen aufgenommen. Außerdem wurde der Senat umgestaltet und Repräsentanten forschungsfördernder Institutionen und Persönlichkeiten des öffentlichen Lebens aufgenommen. Durch eine neue Wahlordnung wurden die Sektionsmitglieder in das Zuwahlverfahren mit einbezogen, was sich besonders identifikationsstiftend auswirkte. Allerdings wurde mir in dieser Zeit auch bewusst, wie schwierig der Spagat zwischen einer traditionsreichen Gelehrtensozietät und einer modernen Akademie ist, die sich den Herausforderungen einer wettbewerbsorientierten Wissenschaft stellt, denn die Akademien der Wissenschaften haben im gleichen Maße an Bedeutung abgenommen, in dem das überkommene Bild des individuell forschenden Gelehrten durch das des Spezialisten im Arbeitsteam ersetzt worden ist. Für die Leopoldina, die erst seit kurzem Mitglieder aus den empirischen Geisteswissenschaften zuwählte, war und ist dies ein besonderes Problem, da sie durch ihre Mitglieder aus den Naturwissenschaften und der Medizin geprägt wird, deren Forschungen außerhalb der Akademie stattfinden. Es ist deshalb auch nicht überraschend, dass in der Leopoldina nur an zwei geisteswissenschaftlichen Langzeitprojekten geforscht wird.

Eigentlich wäre zu befürchten, dass diese Konstellation zu einer Legitimationskrise führen würde, wenn der Abstand zwischen der Leistungsfähigkeit einer Akademie und der öffentlichen Erwartung so groß wird, dass dies Kritik von außen hervorruft. Interessanterweise hat die Leopoldina dies nicht erfahren, obwohl wir im Präsidium in dieser Zeit diesen Aspekt häufig angesprochen haben und wir uns bewusst waren, dass der Bonus der Leopoldina nach der Wende bald keine Bedeutung mehr haben würde, nämlich die einzige Akademie im geteilten Deutschland zu sein, die westdeutsche und ostdeutsche Mitglieder repräsentierte, und, wie Bundespräsident von Weizsäcker 1991 feststellte, „eine grenzüberschreitende und dogmenübergreifende Institution darstellte"[1]. Dies war mit ein Grund, die Leopoldina zu restrukturieren und einer Begehung der Akademie durch den Wissenschafts-

---

1 Parthier, B.: „Verantwortung... ist in der Freiheit besonders groß" – Die Leopoldina der Gegenwart. In: Parthier, B., und Engelhardt, D. von (Eds.): 350 Jahre Leopoldina – Anspruch und Wirklichkeit. Festschrift der Deutschen Akademie der Naturforscher Leopoldina 1652–2002. Halle (Saale): Deutsche Akademie der Naturforscher Leopoldina e. V. 2002, S. 356.

II.

When I joined the Presidium, the breadth and depth of my knowledge of the Academy's structures and functions grew significantly. Many important decisions on restructuring the Leopoldina had to be made during this period; the Academy had to be modernised as it had not dared to undertake any amendments to its articles and regulations before the Reunification. Any changes would have had unforeseeable consequences, as an academy's articles required – and today still require – judicial approval.

After the Reunification of Germany, the task was to adapt the Academy's structures to modern science. We expanded the executive committee, adjusted the sections to reflect modern scientific reality and established new sections which took into account the relationships between the natural sciences and cultural and social studies, humanities and psychology. We also created sections for technology and information science. The Senate was reformed, and representatives from research institutes and public life were elected to it. New balloting rules meant that members of the sections took part in the process of electing new members, and this proved effective in creating a sense of identity. It was during this period that I became aware of how difficult it is to find the balance between a learned society rich in tradition and a modern academy facing the challenges of a science oriented towards competitiveness. Academies of science have become less important to the same degree that the traditional image of a scholar researching alone has been replaced by that of a specialist in a team. This has been, and indeed remains, a special problem for the Leopoldina which, as it has only recently started electing members from the humanities, is dominated by members from the natural sciences and medicine whose research takes place outside the Academy. So it is not really surprising that only two long-term humanities projects are currently being carried out in the Leopoldina.

One might have thought that this constellation of activities would cause a crisis of legitimacy in the event that the gap between what an academy can do and the public's expectations grows so wide that it generates criticism from outside. In fact, however, the Leopoldina has not experienced this, although the Presidium often discussed the concern at the time and although we knew that the Leopoldina's bonus – namely that it had been the only academy in East or West Germany to have members from both sides, and was an "institution that crossed borders and spanned dogmas", as the then *Bundespräsident* of Germany Richard von Weizsäcker noted in 1991[1] – would be of no value after the fall of the Berlin Wall. This was one of the reasons for restructuring the Academy and for agreeing to an assessment by the *Wissenschaftsrat*. We were criticized for that last decision, and not just by members who believed that a learned society should be beyond any kind of evaluation process. The positive judgment we received from the *Wissenschaftsrat* at the end of the 1990s, however, and the accompanying commendation of our structural reform as trend-setting were welcomed by everyone in retrospect, and gave us in the Presidium the confirmation that we were on the right course.

---

1 Parthier, B.: „Verantwortung… ist in der Freiheit besonders groß" – Die Leopoldina der Gegenwart. In: Parthier, B., und Engelhardt, D. von (Eds.): 350 Jahre Leopoldina – Anspruch und Wirklichkeit. Festschrift der Deutschen Akademie der Naturforscher Leopoldina 1652–2002. Halle (Saale): Deutsche Akademie der Naturforscher Leopoldina e. V. 2002, p. 356.

rat zuzustimmen. Für die letztgenannte Entscheidung erhielten wir Kritik, nicht nur von den eigenen Mitgliedern, die der Ansicht waren, dass eine Gelehrtensozietät außerhalb jeglicher Evaluierungsverfahren zu stehen habe. Das positive Votum des Wissenschaftsrats Ende der 1990er Jahre mit der Aussage, dass unsere Strukturreformen zukunftsweisend sind, wurde im Nachhinein von allen begrüßt und bestätigte uns im Präsidium, den eingeschlagenen Weg weiter zu verfolgen.

III.

Noch ein anderer Aspekt beschäftigte uns nach der Wende im Präsidium, nämlich die Frage nach der Repräsentanz der deutschen Wissenschaft durch die Leopoldina in internationalen Gremien und unsere Bereitschaft, uns an wissenschaftsbasierter Politik- und Gesellschaftsberatung zu beteiligen. Beide Aspekte bezogen sich auf die mögliche Rolle der Leopoldina als Nationale Akademie der Wissenschaften.

Der erste Anstoß kam von außen – von der *Académie des sciences* – als Herr PARTHIER kurz nach seinem Amtsantritt 1990 als neuer Präsident die Akademie in Paris besuchte und mit der Aussage konfrontiert wurde, dass die Leopoldina als älteste und traditionsreichste wissenschaftliche Akademie in Deutschland doch prädestiniert wäre, die Rolle einer Nationalen Akademie zu übernehmen.[2]

Gleichzeitig gab es auch Anfragen von der Politik, denn schon bald nach der Wende stellte Alt-Bundeskanzler Helmut SCHMIDT die gleiche Frage an die Leopoldina, und Forschungsminister Heinz RIESENHUBER schlug der Leopoldina 1992 vor, die Aufgaben einer Nationalen Akademie zu übernehmen. Dieses Angebot fand jedoch im Senat der Leopoldina keine Mehrheit, ebenso wie eine Beteiligung an wissenschaftsbasierter Politikberatung für nicht opportun erachtet wurde. Auch wenn wir damals als jüngere Mitglieder der Leopoldina dies als eine vertane historische Chance ansahen, so ist es doch verständlich, dass eine Akademie, die Jahrzehnte gegen eine politische Vereinnahmung gekämpft hatte, jetzt nach der Wende unabhängig sein wollte.

Aber die Politik legte die Thematik einer Nationalen Akademie nicht zur Seite, sondern Bundeskanzler Helmut KOHL verkündete 1994 in seiner Regierungserklärung: „Was uns in Deutschland fehlt, ist ein Forum, das die Themen der Zukunft national und international diskutiert. [...] Daher wollen wir eine Deutsche Akademie der Wissenschaften ins Leben rufen. Sie soll Ratgeber sein und Anstöße geben für eine umfassende Debatte über wichtige Zukunftsfragen unseres Landes."[3] Allerdings erfuhr diese Ankündigung keine Umsetzung, und auch die Gespräche, die zwei Jahre später Bundesforschungsminister RÜTTGERS mit der Leopoldina bezüglich Nationaler Akademie der Wissenschaften führte, verliefen im Sande.

Die Diskussionen über das Für und Wider einer Nationalen Akademie wurden jedoch in den Akademien und in den forschungsfördernden Institutionen weiter geführt. So wurde der Leopoldina von einigen Landesakademien die Befähigung zur Nationalen Akademie abgesprochen, da sie primär nur die Naturwissenschaften und Medizin und nicht die Geisteswissenschaften repräsentieren würde. Von der Berlin-Brandenburgischen Akademie wurde der Leopoldina der Vorschlag gemacht, mit ihr gemeinsam ein *Joint Venture* „Nationale Akade-

---

2 PARTHIER 2002, S. 370.
3 PARTHIER 2002, S. 370.

III.

Something else that concerned us in the Presidium after the Reunification was the question of the Leopoldina representing German science on international committees and panels. Also discussed was our readiness to contribute to science-based political and societal advisory services. Both discussions looked forward to a potential role for the Leopoldina as the National Academy of Sciences.

The first encouragement came from outside – from the *Académie des sciences* – when Professor PARTHIER visited Paris shortly after he took up office in 1990. While he was there, somebody remarked that, as the oldest and most venerable scientific academy in Germany, the Leopoldina was surely predestined to become a national academy.[2]

Inquiries were also being made by political figures; shortly after the Reunification, former *Bundeskanzler* Helmut SCHMIDT asked the Leopoldina the question, and the *Bundesforschungsminister* Heinz RIESENHUBER suggested to the Leopoldina in 1992 that it take over the role of a national academy. There was no majority in the Leopoldina Senate in favour of these proposals, and nor was the idea of contributing to science-based political consulting seen as appropriate. Although we younger members of the Leopoldina thought that a historical opportunity had been missed, it is nonetheless understandable that an academy which had fought against political instrumentalization for decades wanted to be independent after the fall of the Wall.

Politics did not, however, set the idea of a national academy aside; in 1994, *Bundeskanzler* Helmut KOHL said in his policy statement: "What we are lacking in Germany is a forum which discusses the topics of the future on a national and international level. […] And this is why we intend to create a German academy of sciences. It is to be an advisor and it is also to provide impulses for wider debates on topics that affect our country's future."[3] Unfortunately, no action followed these words, and the talks that took place with *Bundesforschungsminister* RÜTTGERS two years later ran out of steam.

The discussions for and against a national academy continued in the academies and institutions promoting research, of course. Some of the *Landesakademien* denied that the Leopoldina could become a national academy as it represented primarily the natural sciences and medicine, and not the humanities. The Berlin-Brandenburg Academy proposed that it and the Leopoldina should enter into a joint venture called "National Academy" to provide independent advice to German political decision-makers and represent German science internationally. These negotiations were also without result as there were too many obstacles, not least the self-perception of the two academies.

The idea of a national academy remained alive, however, not just in the academies themselves but also in political circles. *Bundespräsident* HERZOG hosted discussions in 1998 during which he advocated the creation of a small but top class national academy which would only undertake international representation functions on behalf of German science, and would not concern itself with advising politics. In our federal system, a plan like this requires the approval of the 16 *Länder*, however. As it was thought unlikely that this would be forthcoming, the idea was not pursued any further.

It is no great surprise, then, that the topic often featured on the agenda of Presidium meetings in the 1990s, and provided material for discussion in the Senate. The Presidium

---

2 PARTHIER 2002, p. 370.
3 PARTHIER 2002, p. 370.

mie" einzugehen, um in Unabhängigkeit die deutsche Politik zu beraten und die deutsche Wissenschaft international vertreten zu können. Die diesbezüglich geführten Gespräche verliefen jedoch ergebnislos, da es zu viele Hindernisse zu überwinden gab, die vor allem das Selbstverständnis der beiden Akademien betrafen.

Doch der Gedanke einer Nationalen Akademie blieb nicht nur in den Reihen der Akademien, sondern auch in der Politik wach. So lud Bundespräsident HERZOG 1998 zu Gesprächen ein, in denen er sich für eine Neugründung einer kleinen, aber hochkarätigen Nationalakademie einsetzte, die nur die Aufgabe der internationalen Repräsentanz der deutschen Wissenschaft wahrnehmen und sich nicht mit wissenschaftspolitischen Beratungsaufgaben beschäftigen sollte. Allerdings setzt die Realisierung dieses Vorschlags in unserem föderalen Staat die Zustimmung der Bundesländer voraus. Da diese als unwahrscheinlich eingeschätzt wurde, blieben weiterführende Diskussionen aus.

Es ist deshalb nicht überraschend, dass dieses Thema in den 1990er Jahren sehr häufig auf die Tagesordnung unserer Präsidiumssitzungen kam und auch unseren Senat beschäftigte. So wurde vom Präsidium verstärkt nach einer arbeitsfähigen Struktur einer Nationalen Akademie gesucht, die die bestehenden Akademien einbindet, ohne deren Existenz in Frage zu stellen. Entwickelt wurde das Konzept eines „Deutschen Wissenschaftskonvents", der sich zusammensetzen sollte aus geeigneten Repräsentanten der deutschen Akademien und ausgewählten Forschenden und forschungsfördernden Einrichtungen. Obwohl der Senat dieses Konzept unterstützte und verabschiedete, wurde es nicht weiter verfolgt, da fast zeitgleich der Wissenschaftsrat beschloss, einen Ausschuss „Nationale Akademie" einzurichten, der prüfen sollte, ob für Deutschland eine Nationalakademie zu errichten sei und welche Aufgaben ihr übertragen werden könnten.

Anfang 2003 nahm dieser Ausschuss seine Arbeit auf, und eine meiner ersten Amtshandlungen als Präsident war, zusammen mit Herrn PARTHIER, dem Ausschuss des Wissenschaftsrats die Vorstellungen der Leopoldina zur Etablierung einer Nationalen Akademie darzulegen. Damals haben wir dem Wissenschaftsrat folgende Vorschläge unterbreitet:

– Die Leopoldina ist bereit, die Aufgaben einer Nationalen Akademie zu übernehmen, falls dies der Wissenschaftsrat empfiehlt. Dies würde bedeuten, dass die Leopoldina ihren Aufgabenbereich erweitert und dementsprechend die hierfür notwendigen Strukturen anpasst, indem wir uns vergrößern, die Technikwissenschaften ausweiten und gezielt geisteswissenschaftliche Disziplinen, die zur Lösung von wichtigen Aufgaben erforderlich sind, aufnehmen.
– Als Alternative haben wir der Arbeitsgruppe des Wissenschaftsrats auch das britische Modell einer Arbeitsteilung vorgeschlagen. Die Leopoldina würde, wie die *Royal Society*, als Sprachrohr für den Bereich der Naturwissenschaften und Medizin dienen, die Länderakademien, wie die *British Academy for the Humanities and Social Sciences*, den Bereich der Geistes-, Sozial- und Kulturwissenschaften vertreten. Dieser Vorschlag mit seiner Arbeitsteilung würde alle Akademien an den nationalen Aufgaben beteiligen, den Aufwand der Umstrukturierung vermindern, die weitere Eigenständigkeit einer jeden Akademie mit all ihren Klassen und Sektionen garantieren und die Zustimmung durch die Politik erleichtern.[4]

---

4 TER MEULEN, V.: Antrittsrede des neuen Präsidenten. Nova Acta Leopoldina Bd. *89*, Nr. 335, 31–39 (2003), S. 37.

began to look more intensively for a workable structure for a national academy which would include the existing academies without calling their existence into question. The concept that was developed was a "Deutscher Wissenschaftskonvent" composed of suitable representatives from the German academies, research institutes and organizations supporting research. The Senate supported and approved the concept, but it was nonetheless not pursued any further as almost simultaneously the *Wissenschaftsrat* decided to set up a "National Academy" committee to look into the matter of establishing a national academy in Germany and what tasks it could fulfil.

The Committee started work at the beginning of 2003, and one of my first official duties as President was, together with Professor Parthier, to present the Leopoldina's ideas on establishing a national academy to the Committee. We made the following suggestions:

- The Leopoldina is ready to take on the role of a national academy if the *Wissenschaftsrat* recommends it. This would mean that the Leopoldina would expand its activities and adapt its structures as necessary by expanding, by enlarging the technical sciences and by incorporating specific disciplines in the humanities which are needed to undertake important tasks.
- As an alternative, we suggested the British model of a division of labour. Like the Royal Society, the Leopoldina would serve as the voice of the natural sciences and medicine, while the *Länderakademien* would represent the humanities, social sciences and cultural studies, in a similar way to the British Academy for the Humanities and Social Sciences. This proposal would involve all the academies in national tasks, minimize the effort involved in restructuring, guarantee the independence of every academy and their classes and sections, and would facilitate acceptance on the political level.[4]

There was amicable discussion of these proposals but the Committee ultimately decided to establish a "National Working Group Academy" which should

- fit into the federal structure of sciences in Germany,
- actively include existing scientific organisations and academies, and
- not be a learned society.

The newly established organisation should take on two roles from the outset:

- represent science in Germany in international committees, panels and forums, and
- undertake a science-based advisory function for society and political decision-makers.

The recommendation was also made that the voting process needed for the establishment be instituted by the Leopoldina, the Convention for Technical Sciences, the *Länderakademien* and large scientific organisations. The recommendation by the *Wissenschaftsrat* not only moved the discussion along, it also legitimised the next steps as the proposal had been made by representatives of science and politics together. However, our attempts to bring all the academies and institutes mentioned in the recommendation together into a working group from the very beginning were unsuccessful. It took us almost three quarters of a year to gather all the participants around one table.

It soon became clear that it would not be easy to unite all the different ideas regarding the new "Working Group Academy" into one coherent concept. The difficulties were on the

---

4 Ter Meulen, V.: Antrittsrede des neuen Präsidenten. Nova Acta Leopoldina Bd. *89*, Nr. 335, 31–39 (2003), p. 37.

Diese Vorschläge wurden mit uns zwar freundlich diskutiert, aber der Ausschuss entschied sich für die Neugründung einer „Nationalen Arbeitsgruppenakademie",

- die in das föderale Wissenschaftssystem der Bundesrepublik eingepasst ist,
- die vorhandenen Wissenschaftsorganisationen und Akademien aktiv einbezieht, und
- die keine Gelehrtensozietät sein sollte.

Diese Neugründung sollte zwei konstitutive Aufgaben wahrnehmen:

- die Vertretung der in Deutschland tätigen Wissenschaft in internationalen Gremien und Foren sowie
- wissenschaftsbasierte Gesellschafts- und Politikberatung.

Weiter wurde empfohlen, dass die für die Gründung notwendigen Abstimmungsprozesse von der Leopoldina, dem Konvent für Technikwissenschaften, den Länderakademien und den großen Wissenschaftsorganisationen einzuleiten seien. Diese Wissenschaftsratsempfehlung brachte nicht nur Bewegung in die Diskussion, sondern legitimierte die nun zu ergreifenden weiteren Schritte, da der Wissenschaftsratsvorschlag von Vertretern der Wissenschaft und der Politik gemeinsam gefasst worden war. Unsere Bemühungen, alle in der Empfehlung angesprochenen Akademien und Wissenschaftsforschungs- oder Förderinstitutionen von Anfang an gemeinsam in einer Arbeitsgruppe zusammenzuführen, misslangen. Es dauerte fast ein dreiviertel Jahr, bis sich alle Beteiligten an einem Tisch zusammenfanden.

Wie sich schnell herausstellte, war es nicht einfach, die unterschiedlichen Vorstellungen über die zu gründende Arbeitsgruppenakademie in einem schlüssigen Konzept zu vereinen. Die Schwierigkeiten betrafen einerseits die Struktur der zu gründenden Arbeitsgruppenakademie unter Beteiligung der Länderakademien und Forschungsinstitutionen und andererseits die Vermeidung von Aufgabenüberschneidungen und Abgrenzungen zwischen der Neugründung und den in der Arbeitsgruppe beteiligten Institutionen. Dies führte zu einem schleppenden Diskussionsprozess, der sich über 3½ Jahre hinzog, und der von der Suche nach Kompromissen geprägt war. Frau Ministerin SCHAVAN als Vorsitzende der Gemeinsamen Wissenschaftskonferenz beendete diesen Diskussionsprozess, indem sie Ende 2007 verkündete, die Leopoldina solle die Aufgabe einer Nationalen Akademie der Wissenschaften übernehmen.

Meine Damen und Herren, ich glaube, die meisten von Ihnen erinnern sich noch sehr gut an diese Zeit, an die lebhaften Diskussionen und öffentlichen Auseinandersetzungen mit Gegenvorschlägen und Versuchen, Frau SCHAVANS Initiative zu stoppen, um die Empfehlung des Wissenschaftsrats zu realisieren. Die Gemeinsame Wissenschaftskonferenz ließ sich davon jedoch nicht beeinflussen und entschied im Februar 2008 einstimmig, die Leopoldina zur Nationalen Akademie der Wissenschaften zu ernennen und mit den Aufgaben zu betrauen, die in der Empfehlung des Wissenschaftsrats genannt wurden:

- wissenschaftsbasierte Gesellschafts- und Politikberatung und
- internationale Repräsentanz der deutschen Wissenschaft.

Für diese Entscheidung, Frau Ministerin SCHAVAN, die Sie herbei geführt haben, möchte ich Ihnen sehr herzlich danken. Alle großen Nationalen Akademien der Welt haben diese Entscheidung begrüßt, denn aus Sicht des Auslands sollte eine Nationale Akademie eine unabhängige Gelehrtensozietät sein und nicht eine Arbeitsgruppen-Akademie mit wenigen spezifischen Aufgaben.

one hand to do with the structure of the new academy and the participation of the *Länderakademien* and research institutions in it, and, on the other, with avoiding any overlaps of responsibility between the new academy and the institutions participating in the working group and also the demarcation between them. This meant that the discussion was slow, lasting over 3 ½ years, and dominated by the search for compromise. At the end of 2007, *Bundesministerin* SCHAVAN as Chair of the *Gemeinsame Wissenschaftskonferenz* closed the discussion by announcing that the Leopoldina would take on the role of a National Academy of Sciences.

Ladies and Gentlemen, I think most of you can probably remember this time very well, the animated discussions and public debate with counter-proposals and attempts to stop the Minister's initiative and to put the recommendation of the *Wissenschaftsrat* into practice. The *Gemeinsame Wissenschaftskonferenz* paid no attention and voted unanimously in February 2008 to name the Leopoldina the National Academy of Sciences and to entrust it with the tasks recommended by the *Wissenschaftsrat*:

- science-based advisory service for society and politics, and
- international representation of German science.

Minister, I would like to thank you very warmly for bringing about this resolution. All the major national academies around the world welcomed the decision because, in their view, a national academy should be an independent learned society and not a working group academy with just a few specific responsibilities.

The waves soon subsided after the National Academy was founded. The Coordinating Committee for Political Advice was established as required by the *Gemeinsame Wissenschaftskonferenz* and has since worked harmoniously and successfully. The science journalists present at the last Science Forum in Berlin at the beginning of December 2009 confirmed that we are indeed recognised as an institution for informing society and politics.

IV.

It was not just the establishment of a National Academy that occupied my time as President, however: I was also concerned with making contacts with academies abroad. As soon as I took office, I visited most European and several non-European academies, and held intensive talks. In the process, I discovered that my counterparts generally knew a great deal about the Leopoldina and its history, and in particular about its role under the East German regime. Almost everywhere I went, I heard that the Leopoldina should become internationally active, should fill the vacuum, should participate in a number of international associations of academies and contribute to political consulting in Europe and beyond.

In addition, we agreed to hold joint symposia and meetings with several academies, and events did indeed take place with the Royal Society, the US National Academies, the *Académie des sciences* and with the national academies of Austria, the Netherlands, Poland, China, India and Israel.

Today, the Leopoldina is a member of the most important large international associations of academies, where we participate in working groups and discussions, and we are one of the national academies that provide scientific advice for the annual G8+5 summit. On the European level, the Leopoldina heads the European Academies Science Advisory Council – a federation of all the national academies of the EU Member States – which draws up recommen-

Nach Gründung der Nationalen Akademie haben sich die Wogen schnell geglättet. Das von der Gemeinsamen Wissenschaftskonferenz geforderte Koordinierungsgremium für Politikberatung der Nationalen Akademie wurde etabliert. Es arbeitet vertrauensvoll und erfolgreich zusammen. Auf dem letzten Wissenschaftsforum Anfang Dezember 2009 in Berlin wurde von den anwesenden Wissenschaftsjournalisten zum Ausdruck gebracht, dass wir als Institution für wissenschaftsbasierte Gesellschafts- und Politikberatung wahrgenommen werden.

IV.

Aber nicht nur die Gründung einer Nationalen Akademie hat mich als Präsident beschäftigt, sondern auch der Aufbau von Kontakten zu ausländischen Akademien. So habe ich gleich nach Amtsantritt die meisten europäischen und einige außereuropäische Akademien besucht und intensive Gespräche geführt. Dabei konnte ich feststellen, dass meine Gesprächspartner sehr gut über die Leopoldina und ihre Geschichte, insbesondere ihre Rolle zur DDR-Zeit, informiert waren. Ich bekam fast überall die Botschaft vermittelt, die Leopoldina möge sich doch international engagieren, das bestehende Vakuum füllen, in den zahlreichen internationalen Akademiegremien mitarbeiten und sich an europäischer und außereuropäischer Politikberatung beteiligen.

Darüber hinaus wurde mit einigen Akademien vereinbart, gemeinsame Symposien und Meetings abzuhalten, was auch geschah. So mit der *Royal Society*, den *National Academies* der USA, der *Académie des sciences*, der Österreichischen, Niederländischen, Polnischen sowie mit der Chinesischen, Indischen und Israelischen Akademie.

Die Leopoldina ist heute Mitglied in den wichtigsten großen internationalen Akademiegremien, in denen wir uns in Arbeitsgruppen und an Diskussionsrunden beteiligen. Sie gehört zu den Nationalen Akademien, die den G8+5-Wirtschaftsgipfel jährlich wissenschaftlich beraten. Auf europäischer Ebene leitet die Leopoldina das *European Academies Science Advisory Council* – einen Zusammenschluss aller Nationaler Akademien der EU-Mitgliedstaaten – das für die EU-Kommission und das EU-Parlament Empfehlungen und Stellungnahmen zu gesellschaftsrelevanten Themen erstellt. Hierdurch haben wir Einblicke in die Verfahren internationaler wissenschaftsbasierter Politikberatung erhalten, die für unsere eigene Arbeit sehr wertvoll sind.

Meine Damen und Herren, die Ernennung zur Nationalen Akademie hat der Leopoldina neue Perspektiven gegeben, die bei meinem Amtsantritt nicht vorhersehbar waren. Es ist erfreulich, welch große Unterstützung das Präsidium durch Senat und Mitgliederversammlung erfährt, den neuen Weg zu beschreiten.

Natürlich gibt es auch einige Mitglieder, die nicht mit dem neuen Status einverstanden sind. Diese Mitglieder haben die Sorge, dass wir nicht die nötige Distanz zur Politik wahren können und unsere Unabhängigkeit einbüßen. Hierfür werden insbesondere Argumente aus der DDR-Zeit angeführt, die belegen sollen, dass auch in unserer Zeit ein Einlassen mit Politikverantwortlichen wohl überlegt sein will. In einigen Gesprächen konnte ich die Bedenken zerstreuen, in anderen jedoch nicht. Von besonderem Interesse war für uns im Präsidium auch die Reaktion unserer ausländischen Mitglieder auf die neue Situation, da wir uns vorstellen konnten, dass diese Kollegen Probleme haben könnten, jetzt ordentliches Mitglied einer „Deutschen Nationalen Akademie der Wissenschaften" zu sein.

Zu unserer Überraschung waren fast alle, die sich äußerten, hoch erfreut über die getroffene Entscheidung, da aus ihrer Sicht die Leopoldina als älteste und größte deutsche Aka-

dations and position papers on topics relevant to society for the European Commission and the European Parliament. This means that we gain insight into the ways international scientific consulting in politics works, and this is very valuable for our own work here in Germany.

Ladies and Gentlemen, naming the Leopoldina as the National Academy has given it perspectives that were not visible when I took office. I have been delighted to see the strength of support the Presidium has received from the Senate and Members' General Assembly as it starts down this new road.

Of course, there are some members who take issue with the Leopoldina's new status. They are worried that we won't be able to maintain the necessary distance from politics and that we will lose some of our independence as a result. They cite examples from the time before the Reunification to try to show that, even today, caution is needed when doing business with political decision-makers. I have been able to allay some of these fears by talking to people, but some have remained. What was particularly interesting to us in the Presidium was the reaction to the new status from our non-German members. We had thought that these colleagues might have problems with suddenly being Full Members of a "German National Academy of Sciences."

To our surprise, almost all of those who expressed an opinion were in fact delighted by the decision, as they thought that, as the oldest and largest German academy, the Leopoldina was almost predestined to take up the role. Many of the non-German members were also ready to make themselves available to help shoulder the new responsibilities.

There were some voices of criticism, however, particularly among the Swiss members who did not want to or could not identify themselves with the new tasks of the National Academy. The Senate took these concerns seriously and created the new category of "Corresponding Member" to provide a solution to the moral conflict. However, only one member has made use of this option up until now.

So, as you can see, we have received widespread and strong support from within the Leopoldina for our decision of two years ago to accept the offer from Minister SCHAVAN and the *Gemeinsame Wissenschaftskonferenz* and become the "National Academy of Sciences." By accepting the offer, the Leopoldina also received generous financial support from the federal government and from the state of Saxony-Anhalt which has allowed us to establish three new departments, to set up working groups as part of our advisory services for society and political decision-makers, to fulfil our international responsibilities and tasks, and to buy and restore the *Logenhaus* here in Halle as our headquarters.

We are extremely grateful to you, Minister SCHAVAN, and to you, Minister President BÖHMER, for this generosity and your confidence in us, and are fully aware of the obligations that come with that support.

V.

Seven years ago, Professor PARTHIER closed his farewell address with the following words: "Through all the external changes that every step forwards and every change brings, maintaining the shared Leopoldinian values and spirit that have grown over the centuries remains a rewarding and a unique responsibility."[5]

---

5 PARTHIER, B.: Abschiedsrede des scheidenden Präsidenten. Nova Acta Leopoldina Bd. *89*, Nr. 335, 9–15 (2003), p. 28.

demie geradezu prädestiniert sei, diese neuen Aufgaben wahrzunehmen. Viele dieser ausländischen Mitglieder sind auch bereit, sich für die Bewältigung der neuen Aufgaben zur Verfügung zu stellen.

Allerdings gab es auch kritische Stimmen, insbesondere aus der Schweizer Mitgliederschaft, die sich mit den neuen Aufgaben einer Nationalen Akademie nicht identifizieren wollten oder konnten. Diese Bedenken wurden vom Senat ernst genommen, und es wurde extra die Kategorie „korrespondierendes Mitglied" geschaffen, um einen Ausweg aus diesem Gewissenskonflikt zu ermöglichen. Bislang hat allerdings nur ein Mitglied von dieser Möglichkeit Gebrauch gemacht.

Sie sehen, wir haben in der Leopoldina eine große und breite Unterstützung für unsere Entscheidung von vor zwei Jahren, das Angebot von Frau Ministerin Schavan und der Gemeinsamen Wissenschaftskonferenz anzunehmen und „Nationale Akademie der Wissenschaften" zu werden. Die Annahme des Angebots war mit einer großzügigen finanziellen Unterstützung des Bundes und des Landes Sachsen-Anhalt verbunden, die es uns erlaubt, jetzt drei zusätzliche Abteilungen aufzubauen, Arbeitsgruppen im Rahmen der Gesellschafts- und Politikberatung einzusetzen, den internationalen Aufgaben und Verpflichtungen nachzukommen, das Logenhaus in Halle als Hauptsitz der Nationalen Akademie zu erwerben und zu sanieren.

Für diese Zuwendungen und das uns entgegengebrachte Vertrauen sind wir Ihnen, Frau Ministerin Schavan und Herr Ministerpräsident Böhmer, sehr dankbar, wohl wissend um die Verpflichtung, die mit dieser Förderung verbunden ist.

V.

Vor 7 Jahren schloss Herr Parthier seine Abschiedsrede mit den Worten: „Bei allen äußeren Veränderungen, die jeder Fortschritt und jeder Wechsel in sich birgt, bleibt die Bewahrung der über Jahrhunderte gewachsenen gemeinsamen leopoldinischen Werte und der dazugehörige Geist eine schöne, eine lohnende, eine einzigartige Aufgabe."[5]

Dies war eine wichtige Botschaft für mich, denn ich war der erste Präsident seit 1878, der nicht aus Halle kam, der keine DDR-Erfahrung besaß und dazu noch Mediziner ist. Mir war bewusst, dass ich bei meinen Aktivitäten darauf zu achten hatte, dass alle Veränderungen, die ich vorhatte, so umzusetzen sind, dass sie die Tradition der Akademie respektieren. Ob mir dies gelungen ist, müssen Sie beurteilen.

Ich habe versucht – soweit es möglich war – mich hiernach zu richten, und ich bin Ihnen, Herr Parthier, sehr dankbar, dass Sie als Altpräsident immer ein offenes Ohr für mich hatten, mir mit Rat und Tat jederzeit zur Seite standen und sich damals auch bereit erklärten, die wissenschaftshistorischen Arbeiten, einschließlich der wissenschaftshistorischen Seminare der Akademie zu betreuen.

So konnte ich mich ganz der Weiterentwicklung der Akademie widmen, was in enger Kooperation und mit großer Unterstützung durch die Mitglieder des Präsidiums geschah und wofür ich sehr dankbar bin. Auch die Mitarbeiter der Geschäftsstelle haben mich ganz wesentlich dabei unterstützt. Da ich meinen Hauptwohnsitz in Würzburg nicht aufgeben konnte und meine Anwesenheit in Halle aufgrund vieler auswärtiger Terminverpflichtungen

---

5 Parthier, B.: Abschiedsrede des scheidenden Präsidenten. Nova Acta Leopoldina Bd. *89*, Nr. 335, 9–15 (2003), S. 28.

Abschiedsrede des scheidenden Präsidenten / Farewell Address by the Outgoing President

This was an important message for me, as I was the first President since 1878 who did not come from Halle, had no experience of East Germany and, on top of that, was a medical scientist. I knew that I had to be careful that all of the changes I made were done in such a way that they respected the Academy's traditions. I shall leave it to you to judge whether I succeeded.

I have tried to be guided by that thought as far as possible, and I am very grateful to you, Professor PARTHIER, that you always found time to listen to me, gave me the benefit of your experience as President and also volunteered to oversee the Academy's work on the history of science, including its seminars on the subject.

This meant that I was able to concentrate completely on the development of the Academy, a task in which I cooperated closely with the members of the Presidium, from whom I received immense support. I thank them warmly. The members of staff in the Leopoldina office have also been a great source of support. I could not give Würzburg up as my main residence and was in Halle only irregularly on account of the sheer number of appointments elsewhere, and so new ways of communication had to be found to allow the necessary work to be done. The staff in the office were always ready to assist, and I would like to express my great gratitude to them. In this context, my thanks go to Helga SIDDELL in Würzburg who ensured that the office there always functioned excellently. Special mention must be made, however, of Professor SCHNITZER-UNGEFUG.

Frau SCHNITZER, without your hard work, your untiring contribution and your skill, we would never have been able to make the changes in the Academy that we did make. You were always an important sounding board for me, and many of the ideas that we realised were suggested by you. You did not know the meaning of the words "the office is closed," you were always available and often deputised for me when I could not keep an appointment, in Germany or abroad. The fact that you are not leaving with me but are staying on as Secretary-General will be a source of joy and comfort for my successor and will make it easier for him to familiarize himself with his new job.

Professor HACKER, I am delighted that you are my successor. The Leopoldina is no stranger to you, as you had close contacts with the Academy as a student here in Halle. We have known each other since 1980, when you came to Würzburg and to the Biocenter, and I have watched your success in your research and your remarkable career with interest. You possess all the requirements for shaping the future of the Leopoldina as the National Academy of Sciences and for safeguarding its foundations.

I can promise you that you will be rewarded in many ways for the many tasks, responsibilities and indeed travails that come with this office of President. Your reward will be in meeting the remarkable Members of the Leopoldina, trustees and other people from all walks of life. Your life will be the richer for the experience, as mine has been.

That is the end of my speech, really, but I would like to carry out one last official duty, and that is to bid farewell to a friend and colleague who took office in the Presidium with me seven years ago. I am talking about Harald ZUR HAUSEN, Vice-President of our Academy. Professor ZUR HAUSEN and I have been friends now for 45 years. We were post-docs together in the Virus Laboratory at the Children's Hospital of Philadelphia in the US, from where our careers took us in different directions. However, we came back together at the Institute for Virology in Würzburg and the contact has never been broken since.

Harald, your work in the Presidium was a great gain for the members. Your rich experience as a researcher and as a research manager was always a benefit to our work. You were

sehr unregelmäßig war, mussten neue Kommunikationswege für die Erledigung anstehender Aufgaben erschlossen werden. Zu jeder Zeit waren die Mitarbeiter der Geschäftsstelle bereit, mir zu helfen, was ich mit großer Dankbarkeit anerkenne. In diesen Dank beziehe ich auch Frau Helga SIDDELL aus Würzburg ein, die dafür sorgte, dass das Würzburger Büro immer erfolgreich arbeitete. Ein besonderer Dank gebührt jedoch Frau SCHNITZER-UNGEFUG.

Liebe Frau SCHNITZER, ohne Ihr Engagement, Ihren unermüdlichen Einsatz und Ihre Fachkompetenz wäre es nicht möglich gewesen, die anstehenden Akademieveränderungen zu realisieren. Sie sind mir ein wichtiger Gesprächspartner gewesen, und viele Vorschläge, die wir umgesetzt haben, stammen von Ihnen. Arbeitszeiten kannten Sie nicht, Sie standen immer zur Verfügung und sind für mich eingesprungen, wenn ich vereinbarte Termine im In- oder Ausland nicht wahrnehmen konnte. Dass Sie mit mir nicht aufhören, sondern weiter als Generalsekretärin der Leopoldina zur Verfügung stehen, wird meinen Nachfolger freuen und seine Einarbeitung erleichtern.

Lieber Herr HACKER, ich freue mich sehr, dass Sie meine Nachfolge antreten. Ihnen ist die Leopoldina nicht fremd, da Sie schon zu Ihren Studienzeiten in Halle engeren Kontakt zu unserer Akademie knüpfen konnten. Seit 1980, als Sie nach Würzburg an das Biozentrum kamen, kenne ich Sie und habe erlebt, welchen erfolgreichen Weg Sie als Wissenschaftler genommen haben und wie Ihre außergewöhnliche Karriere verlaufen ist. Sie bringen alle Voraussetzungen mit, die Zukunft der Leopoldina als Nationale Akademie der Wissenschaften zu gestalten und ihr Fundament zu festigen.

Für all die vielen Aufgaben, Verpflichtungen, aber auch Mühen, die auf Sie warten und die mit diesem Präsidentenamt verbunden sind, werden Sie vielfältig entschädigt werden durch Begegnungen mit außergewöhnlichen Mitgliedern, Sachwaltern und Menschen aus unterschiedlichen gesellschaftlichen Bereichen. Dies wird Ihr Leben bereichern, so wie ich es erlebt habe.

Damit wäre eigentlich meine Rede beendet, aber ich möchte noch einer letzten Amtspflicht nachkommen, nämlich einen Kollegen und Freund verabschieden, der mit mir vor sieben Jahren im Präsidium ein Amt übernommen hat. Es ist Harald ZUR HAUSEN, Vizepräsident unserer Akademie. Herrn ZUR HAUSEN und mich verbindet eine Freundschaft seit 45 Jahren. Wir waren zusammen Postdoktoranden im *Virus Laboratory* des *Children's Hospital of Philadelphia*, USA, von wo wir verschiedene Wege einschlugen, uns dann jedoch wieder nach einiger Zeit im Institut für Virologie in Würzburg trafen. Seit dieser Zeit ist der Kontakt zwischen uns nicht mehr abgerissen.

Lieber Harald, Deine Mitarbeit im Präsidium war für die Präsidiumsmitglieder ein Gewinn. Deine große Erfahrung als Wissenschaftler und Wissenschaftsmanager hat unsere Arbeit stets befruchtet. Bereits vor der Verleihung des Nobelpreises warst Du ein herausragendes Leopoldina-Mitglied. Dass durch die Verleihung des Nobelpreises das Ansehen der Akademie noch gesteigert wurde, brauche ich nicht zu betonen, denn welches Präsidium einer Akademie hat schon einen Nobelpreisträger in seinen Reihen! Ich danke Dir für Deine engagierte Mitarbeit im Präsidium, wünsche Dir für die Zukunft alles Gute und Erfüllung in Deiner wissenschaftlichen Arbeit.

Meine Damen und Herren, ich möchte schließen mit einem Dank an meine Frau, die aufgrund ihrer schweren Erkrankung heute nicht hier sein kann. Wir beide haben uns nicht vorstellen können, wie viel Zeit für die Wahrnehmung des Präsidentenamts aufzubringen ist. Ohne ihre uneingeschränkte Unterstützung hätte ich dieses Amt so nicht ausüben können.

Ich danke Ihnen für Ihre Aufmerksamkeit.

already an outstanding Leopoldina member before you won the Nobel Prize, and I hardly need mention that the award of the Nobel Prize raised the Academy's profile even further. After all, how many academies can boast of a Noble Prize laureate in their presidia? Thank you for your contributions to the Presidium's work, and all the best for the future and for your research.

Ladies and Gentlemen, allow me to finish by thanking my wife, who unfortunately cannot be here today because of her illness. Neither of us knew just how much time the Presidency of the Leopoldina would require. I would not have been able to fulfil this office without my wife's unreserved support.

I thank you for your attention.

Prof. Dr. Dr. h. c. Volker TER MEULEN
Julius-Maximilians-University Würzburg
Institute for Virology and Immunbiology
Versbacher Straße 7
97078 Würzburg
Germany

Übergabe der Amtskette

Lieber Herr HACKER,

darf ich Sie zu mir bitten zur symbolträchtigen Übergabe der Amtskette, die – wie Herr FRÜHWALD vor 7 Jahren meinte – sowohl Insignium von Würde als auch von Bürde ist.

Mit der Überreichung der Amtskette lege ich die Verantwortung unserer Akademie auf Ihre Schultern und in Ihre Hände. Damit sind Sie der 26. Präsident der Leopoldina.

Ich wünsche Ihnen viel Erfolg und eine glückliche Hand.

Hand-over of the Chain of Office

Professor HACKER,

May I ask you to join me so that I can symbolically hand over the chain of office? It is, as Professor FRÜHWALD remarked 7 years ago, an insignia both of power and of responsibility.

In placing the Chain of Office around your shoulders, I lay responsibility for our Academy in your hands. You are now the 26th President of the Leopoldina.

I wish you all the very best.

Antrittsrede des neuen Präsidenten

Inaugural Address by the New President

Jörg HACKER ML (Halle a. d. Saale / Berlin)

Jörg Hacker

Hohe Festversammlung,
sehr verehrte Frau Bundesministerin SCHAVAN,
sehr geehrter Herr Ministerpräsident BÖHMER,
verehrte Akademiemitglieder,
lieber Herr TER MEULEN,
lieber Herr MITTELSTRASS,
meine Damen und Herren,

„die außerordentlichen Männer des 16. und 17. Jahrhunderts waren selbst Akademie, wie Humboldt zu unserer Zeit. Als nun das Wissen so ungeheuer überhand nahm, taten sich Privatleute zusammen, um, was dem Einzelnen unmöglich wird, vereinigt zu leisten." Mit diesen Worten beschrieb Johann Wolfgang VON GOETHE, selbst, wie auch HUMBOLDT, Mitglied der Leopoldina, in seiner Schrift „Maximen und Reflexionen" das Wesen einer Akademie. Und in der Tat, Wissenschaftlerinnen und Wissenschaftler verbinden sich in Akademien, um gemeinsam zum Fortschritt der Wissenschaft beizutragen, um „die Natur zu erforschen zum Segen der Menschheit", wie es in dem Wahlspruch der Leopoldina heißt. In diesem Sinne übernehme ich nunmehr die Verantwortung für die Deutsche Akademie der Naturforscher Leopoldina.

Ich bin mir bewusst, dass es sich um ein interessantes, forderndes, aber auch schönes und erfüllendes Amt handelt. In diesem Zusammenhang möchte ich an die beiden Präsidenten der DDR-Zeit, Kurt MOTHES und Heinz BETHGE, erinnern, sie steuerten die Akademie mit klarem Kurs in einer schwierigen Zeit. Benno PARTHIER leitete die Leopoldina in der Zeit des Übergangs von der DDR in das wiedervereinigte Deutschland. Ich selbst habe, gestatten Sie mir diese Reminiszenz, die Bedeutung der Leopoldina in dieser Zeit als Student in Halle in Vortragsveranstaltungen und Kolloquien dankbar erfahren. Sie war, wie Herr PARTHIER es einmal formulierte, eine „Insel im roten Meer". Nach Benno PARTHIER übernahm Volker TER MEULEN im Jahre 2003 die Präsidentschaft.

Lieber Herr TER MEULEN,

die sieben Jahre der Amtszeit des 25. Präsidenten waren geprägt von Ihrem Optimismus, von Ihren Visionen und Ihrer Tatkraft. Der unvergessene Vizepräsident Paul BALTES hat es einmal so formuliert: „Der Optimismus Volker ter Meulens ist ansteckend, wie es einem Virologen auch zukommt." Und in der Tat, in den letzten Jahren ist es gelungen, die Leopoldina weiterzuentwickeln, mit neuen Aufgaben zu versehen und letztlich den Schritt zu einer Nationalakademie zu gehen. Den Visionen und der Arbeit Volker TER MEULENS ist es zu danken, dass die Leopoldina in den Rang einer Nationalen Akademie der Wissenschaften gesetzt wurde.

Wir erinnern uns an den Festakt am 14. Juli 2008, der diese Entwicklung eindrucksvoll dokumentierte. Wir sind Herrn TER MEULEN zu großem Dank verpflichtet und möchten in diesen Dank auch seine Frau Brigitte, die heute leider nicht bei uns sein kann, mit einbeziehen. Ich weiß, dass sie heute an uns denken wird, und wir wollen Brigitte TER MEULEN von hier aus ganz herzlich grüßen. Ich will im Sinne Herrn TER MEULENS die Akademie weiterentwickeln und den Weg im Hinblick auf eine moderne, sich ihrer Traditionen bewussten Nationalen Akademie der Wissenschaften gehen. Wir haben ja heute gehört, dass Herr TER MEULEN die Leopoldina aus vier ganz unterschiedlichen Sichtweisen kennenlernte. Es kommt nun-

Antrittsrede des neuen Präsidenten / Inaugural Address by the New President

Assembled Company,
Minister SCHAVAN,
Minister-President BÖHMER,
Distinguished Members of the Academies,
Professor TER MEULEN,
Professor MITTELSTRASS,
Ladies and Gentlemen,

"The outstanding men of the 16th and 17th centuries were by themselves the Academy, just as Humboldt is in our day. As Knowledge gained so clearly the upper hand, the separate persons came together to do together what was impossible for the individual." This is how no less a person than Johann Wolfgang VON GOETHE, like HUMBOLDT a member of the Leopoldina, described the essence of an academy in his *Maxims and Reflections*. And indeed, scientists and researchers come together in academies in order to contribute to the progress of knowledge, to "explore Nature for the benefit of mankind" as the motto of the Leopoldina says. And this is how I intend to execute my duties as President of the German Academy of Sciences Leopoldina.

I am very aware that this is an interesting, demanding but also an enjoyable and fulfilling office to hold. In this context, I would like to recall two presidents who were in office under the East German government, Kurt MOTHES and Heinz BETHGE. Both steered the Academy on a clear course during difficult times. Benno PARTHIER guided the Leopoldina through the transition from East Germany to a re-unified Germany. If you will allow me a brief moment of reminiscence, I too experienced the importance of the Leopoldina during this period as a student here in Halle attending talks and colloquia. The Leopoldina was indeed, as Professor PARTHIER once said, "an island in a sea of red." After Benno PARTHIER, Volker TER MEULEN took over the Presidency in 2003.

Professor TER MEULEN,

The seven years of the 25th President's term of office were characterised by your optimism, your vision and your energy. Our dearly remembered Vice-President Paul BALTES once put it thus: "Volker ter Meulen's optimism is, appropriately enough for a virologist, infectious." And indeed, recent years have seen the Leopoldina develop, take on new challenges and finally make the step to becoming a national academy. We have Volker TER MEULEN'S vision and commitment to thank for the fact that the Leopoldina has been raised to the rank of National Academy of Sciences.

Let us think back to the ceremony on 14 July 2008 which so memorably marked the development. We owe a duty of thanks to Professor TER MEULEN and include in our expression of gratitude his wife Brigitte, who sadly cannot be with us here today. I know that she will be thinking of us, and we send her our warmest wishes. I intend to continue developing the Academy in the spirit of Professor TER MEULEN and to continue along the path towards a National Academy of Sciences that is modern yet nonetheless aware of its traditions. We have heard today that Professor TER MEULEN became acquainted with the Leopoldina from four very different points of view. And now there is the fifth; that of ex- or – perhaps better – former President. I look forward to working intensively with you in the coming years.

mehr eine fünfte hinzu, die des ehemaligen oder Altpräsidenten, und ich setze sehr auf eine intensive Zusammenarbeit im Präsidium mit Ihnen in den kommenden Jahren.

Wenn man heute in der wissenschaftlichen Welt unterwegs ist, so fällt auf, dass es zu einer Renaissance der Akademien gekommen ist und noch immer kommt. Akademien werden dabei als Gelehrtensozietäten wahrgenommen, in denen ein über die Fächergrenze hinausgehender Dialog zu wichtigen Zukunftsthemen möglich ist. Sie stellen „Inseln der Entschleunigung" dar, in denen unabhängig und kompetent über wissenschaftliche Themen debattiert wird. Die Kraft der Akademien und ihre Anziehungskraft sind ungebrochen. Was zeichnet nun die Arbeit einer Akademie konkret aus, was steht auf der Agenda einer Nationalakademie? Ich möchte hierbei auf die folgenden Punkte eingehen:

– die Beratung von politischen Entscheidungsträgern,
– die Öffentlichkeitsarbeit und Gesellschaftsberatung,
– die internationalen Vernetzungen,
– die Förderung des wissenschaftlichen Nachwuchses.

Diese gesellschaftlich relevanten Aufgaben der Leopoldina werden künftig mit der Weiterentwicklung der Akademie als Institution einhergehen müssen, auch dazu einige Überlegungen.

Zunächst einmal – und davon bin ich zutiefst überzeugt – Nationalakademie wird man nicht nur per Deklamation, man muss diesen Anspruch immer wieder durch die Arbeit einlösen. Eine Nationalakademie ist *per definitionem* eine „Arbeitsakademie". Schon im 17. Jahrhundert wurde der Leopoldina vom Wiener Hof für ihre Publikationen Zensurfreiheit zugesagt. Darauf gründete sich ihre Unabhängigkeit, die auch heute ein hohes Gut darstellt. Aus dieser unabhängigen Sicht hat die Leopoldina immer wieder Themen aufgegriffen und sie der Politik in geeigneter Form als Zukunftsfelder politischen Handelns dargestellt. Dies soll auch weiterhin so sein. Bundespräsident Prof. Horst KÖHLER hat die Aufgabe der Politikberatung am 14. Juli 2008 wie folgt formuliert: „Als guter Ratgeber muss die Wissenschaft ihren eigenen Prinzipien treu bleiben. Sie muss offen sein für Widerspruch, transparent in ihrem Vorgehen und bereit, eigene Interessen zurückzustellen. Sonst ist sie kein Ratgeber, sondern Lobbyist. Und sie muss ihre unabhängige Rolle wahren. Beratung heißt, Entscheidungen zu ermöglichen."

Und in der Tat, es gibt viele Themen, die wichtig und neu sind und die aufbereitet werden müssen. Mit dem „Koordinierungsgremium", das gemeinsam von der Leopoldina, der Union der Deutschen Akademien der Wissenschaften, inklusive der Berlin-Brandenburgischen Akademie der Wissenschaften (BBAW), sowie von der Deutschen Akademie für Technikwissenschaften (acatech), getragen wird, steht eine Gruppierung zur Verfügung, in der unter dem Vorsitz des Leopoldina-Präsidenten diese Themen diskutiert und auf die Agenda gesetzt werden. Ich darf in diesem Zusammenhang anmerken, dass ich der Zusammenarbeit mit den Kollegen in diesem Gremium mit großem Interesse entgegensehe, auch auf das Zusammenwirken mit den Kollegen aus der Allianz freue ich mich sehr.

Kürzlich war in der Zeitschrift *Nature* eine Umfrage zu lesen, in der führende Wissenschaftler die Zukunftsthemen, die uns bis zum Jahre 2020 beschäftigen werden, umrissen. Die Themen bewegten sich dabei von der Entwicklung neuer Suchmaschinen im Internet über die Analyse menschlicher Genome bis hin zur Frage der Landnutzung und der grünen Revolution. Auch die Entwicklung ultrapräziser Uhren, die Probleme nachwachsender Rohstoffe und erneuerbarer Energiequellen wurden genannt. Ich möchte aus den vielen Themen einige Bereiche herausnehmen und auf diese etwas näher eingehen.

If we look around the world of research today, it is noticeable that there has been – and indeed continues to be – a renaissance of academies. Academies are seen as societies of scholars in which discussion on central topics relating to the future is possible across subject boundaries. They are what we might call "islands of reflection" in which independent and informed debates can be held. The influence and attraction of academies is unchanged. So, what characterises the work of an academy, what should be on the agenda of a national academy? I would like to focus here on the following points:

- advisory services for political decision-makers,
- public communication and advice services,
- international networking,
- development of the next generation of researchers.

These tasks of the Leopoldina are relevant to society and will have to be reflected in the future development of the Academy as an institution. I'd like to share a few thoughts on this with you.

First of all – and of this I am utterly convinced – an academy does not simply become the national academy by simple declamation; rather, the title must be earned over and again through the academy's work. A national academy is by definition a "working academy." As far back as the 17th century, the Habsburg court awarded the Leopoldina freedom from censorship for its publications, thus founding the independence that is still so highly valued today. From this standpoint of independence, the Leopoldina has taken up a number of issues and presented them to political decision-makers as topics for attention in the future. And this tradition should continue. On 14 July 2008, Federal President KÖHLER described the task of advising political actors thus: "To be a good advisor, science must stay true to its own principles. It must be open to disagreement, transparent in its procedures and ready to subordinate its own interests. Otherwise, science does not advise, it lobbies. And science must protect its independent role. Giving advice means making decisions possible."

And there are indeed any number of topics that are important and new and need to be looked at. The Co-ordinating Committee set up jointly by the Leopoldina, the Union of German Academies of Sciences and Humanities including the Berlin-Brandenburg Academy of Sciences, and the German Academy of Science and Engineering (acatech) constitutes a grouping of experts chaired by the President of the Leopoldina in which these issues can be debated and placed on the political agenda. On a personal note, I look forward very much to working with my colleagues on the Committee, as indeed I do to collaborating with colleagues from the alliance.

Recently, a survey was published in *Nature* in which leading researchers outlined the topics that will be occupying our attention by the year 2020. The topics ran the gamut from developing new Internet search engines, via the analysis of the human genome, through to questions of land use and the green revolution. Others mentioned the construction of ultra-precise clocks, problems relating to regenerative resources and renewable energy sources. I would like to select a few areas of this wide range of topics now and look at them a little more closely.

Clearly, climate change and energy supply is one of the major challenges of the 21st Century, and it is only logical that the Science Year 2010 has been called Year of Energy. Science is challenged to produce concepts for future-oriented energy research against the background of the fact that Earth's current population of 6.7 billion will have grown to over

Jörg Hacker

Zum einen stellt der Themenkomplex des Klimawandels und der Bereitstellung von Energie eine der großen Herausforderungen des 21. Jahrhunderts dar. Insofern ist es konsequent, dass das Wissenschaftsjahr 2010 als „Jahr der Energie" begangen wird. Die Wissenschaft ist gefordert, Konzepte für eine erfolgreiche Energieforschung der Zukunft vorzulegen, dies vor dem Hintergrund der Tatsache, dass die Zahl der nunmehr rund 6,7 Milliarden Menschen, die momentan auf dem Erdball leben, im Jahre 2050 auf über 9 Milliarden angestiegen sein wird. Dabei wird sich der Energieverbrauch wahrscheinlich verdoppeln und dies bei einer Verknappung der Ressourcen an fossilen Brennstoffen.

Insofern ist es essentiell, regenerative Energien weiter zu erschließen, neue Formen von Speichertechnologien zu entwickeln, intelligente Transportsysteme und neue Energieträger zu benennen. Die sich ergebenden Forschungsfelder stellen interdisziplinäre Querschnittsthemen dar, von der Erforschung der Wechselwirkungen zwischen Markt, Staat und Zivilgesellschaft über die zeitlichen und räumlichen Interaktionen zwischen Energiesystemen, bis hin zur Energiesystemmodellierung. Akademien können aufgrund ihrer interdisziplinär zusammengesetzten Mitgliederschaft zur Spezifizierung des Forschungsbedarfs auf diesem Gebiet sehr gut beitragen. Deshalb hat die Leopoldina einen Anfang gemacht, indem sie gemeinsam mit der Deutschen Akademie der Technikwissenschaften und der Berlin-Brandenburgischen Akademie der Wissenschaften ein Konzept für ein integriertes Energieforschungsprogramm vorlegte. Dieses Projekt wird fortgeführt und mit mehr Daten unterlegt werden. Ich bin unserem Mitglied, Herrn SCHÜTH, außerordentlich dankbar, dass er mit vielen Kolleginnen und Kollegen dieses Konzept nunmehr weiterentwickelt.

Ein weiteres großes Thema der Wissenschaft im 21. Jahrhundert wird das des Umgangs mit genetischer Information sein. Es wird zukünftig möglich sein, Phänomene des Lebens auf allen Stufen quantitativ zu beschreiben. Wir sprechen von Systembiologie. Die Bestimmung der Genomstrukturen von Organismen, aber auch von ganzen Lebensgemeinschaften und natürlich von individuellen Personen wird dann zum Alltag gehören. Momentan haben noch mehr Menschen den Mond besucht, nämlich 12, als Menschen ihr individuelles Genom haben bestimmen lassen, nämlich 9. Dieses Zahlenverhältnis wird sich sehr schnell ändern. In einigen Jahren wird ein komplettes menschliches Genom für wenige tausend Euro verfügbar sein. Einige Gene des Genoms können vielleicht direkt bestimmten Eigenschaften zugeordnet werden. Kürzlich wurde beispielsweise das „Kurzschlaf-Gen" identifiziert, das NAPOLEON möglicherweise besaß, da er nur vier Stunden Schlaf brauchte.

In der Regel ist die Zuordnung von Genomsequenzen zu bestimmten menschlichen Eigenschaften jedoch nicht so einfach. Die genetische Information ist in einem Netzwerk angelegt, und es sind Verknüpfungen und Redundanzen zu berücksichtigen, um die ganze Komplexität der Genomsequenz zu erfassen. Dennoch gibt es bestimmte „Krankheitsgene", deren Stellenwert zu interpretieren ist, und die mehr und mehr in den Mittelpunkt der Forschung und der Vorhersagemöglichkeit rücken. Auch hier können Stellungnahmen von Akademien Orientierung geben, beispielsweise wie mit Informationen umzugehen ist, die zwar ein erhöhtes Krankheitsrisiko nahelegen, für die es aber noch keine Therapiemöglichkeit gibt. Einer der neun Menschen, deren Genom zwischenzeitlich bestimmt wurde, ist der amerikanische Schriftsteller Richard POWERS. Er beschreibt, wie er zwischen Erwartung und Neugier auf der einen Seite und Beklemmung auf der anderen Seite die Interpretation seiner Genomsequenz durch die Fachleute verfolgte. Er erklärt, dass das „individuelle Genom ein weiterer zaghafter Schritt vom Schicksal zur Selbstbestimmtheit, vom Fatalismus zum Risikomanagement" sei. Man muss mit anderen Worten

9 billion in 2050. This will probably mean a doubling in the demand for energy, and all this despite declining fossil fuel resources.

So, it is essential to continue to extend the use of renewable energies, develop new forms of energy storage, produce intelligent transport systems and identify new sources of energy. The resulting fields of research comprise interdisciplinary themes ranging from research into the interrelations between market, state and civil society via temporal and spatial interaction between energy systems, through to energy system modelling. Thanks to the interdisciplinary nature of their membership, academies are excellently placed to contribute to specifying those areas requiring closer research in these wide fields. This is why the Leopoldina has taken a first step by producing an integrated energy research programme in collaboration with the German Academy of Science and Engineering and the Berlin-Brandenburg Academy of Sciences. The project will continue and will be augmented with more data. I am extremely grateful to our member Professor SCHÜTH that he has undertaken to continue developing this concept with many of our colleagues.

Another major topic for science in the 21st Century will be the treatment of genetic information. In future, we will be able to identify quantitatively the phenomena of life in all stages. We call this systems biology, and it will make the sequencing of the genome structures of organisms and indeed of entire biological communities, and of course of humans, part of everyday life. Currently, more people have been to the moon – 12 – than have had their individual genome sequenced, namely 9. This ratio will soon change, however. In a few years, a complete human genome will be available for just a few thousand Euros. Some of the genes in these genomes may be identifiable as responsible for specific characteristics. For instance, the so-called Sleep Gene was isolated recently: this is the gene that supposedly allowed NAPOLEON to function with only four hours of sleep.

Generally speaking, however, assigning human characteristics to genetic sequences is not quite so easy. The information is stored in a network and the connections and redundancies have to be taken into account to begin to understand the complexity of the genome sequence. Nonetheless, there are certain "disease genes" whose significance needs to be interpreted and which are becoming more and more the focus of research and forecasting work. Opinions from academies can help give an orientation in such situations; for example, how to deal with information that indicates increased risk of an illness for which there is as yet no treatment. One of the nine people whose genome has now been sequenced is the American author Richard POWERS. He describes how he followed the interpretation of his genome sequence by scientists with a mixture of expectation and curiosity on the one hand, and trepidation on the other. He says that the "personal genome is one more tentative step from fate to agency, from fatalism to risk management." In other words, we have to recognise the great potential of genome research, dissect it and evaluate it accordingly.

Questions relating to synthetic biology are raised here as well. In the 18th century, VOLTAIRE wrote: "Any schoolboy can kill a flea, yet all the members of all the academies in the world cannot fabricate a flea." Nor can synthetic biology in the 21st century. Nonetheless, it will soon be possible to copy genomes and then place the genetic information into living cells. Using the methods of synthetic biology, it will then be possible to construct systems which have the characteristics of living cells. But will it be possible to create organic life in the laboratory in the future?

Together with the German Research Foundation and acatech, the Leopoldina recently published an initial opinion on the problem and argued the case for new regulations. These

die großen Potentiale der Genomforschung sehen, freilegen und diese entsprechend bewerten.

Hier spielen auch die Fragen der Synthetischen Biologie hinein. VOLTAIRE schrieb im 18. Jahrhundert: „Jeglicher Schuljunge kann einen Floh töten, sämtliche Mitglieder aller Akademien der Welt können jedoch keinen Floh fabrizieren." Dies kann im 21. Jahrhundert auch die Synthetische Biologie nicht. Dennoch wird es in näherer Zukunft möglich sein, Genome nachzubauen und dann die genetische Information in lebendige Zellen zu bringen. Mithilfe der Methoden der Synthetischen Biologie wird es dann möglich sein, Systeme zu konstruieren, die Eigenschaften von lebenden Zellen haben werden. Aber wird es in der Zukunft im Labor möglich sein, organisches Leben zu erschaffen?

Die Leopoldina hat gemeinsam mit der Deutschen Forschungsgemeinschaft und acatech kürzlich eine erste Stellungnahme zu dieser Problematik vorgelegt, in der auch neuer Regulierungsbedarf angesprochen wird. So sollte es möglich sein, neue DNS-Sequenzen unabhängig bewerten zu lassen, um Missbrauch auszuschließen. Ich bin sicher, dass der Themenkomplex der Synthetischen Biologie auch in der Zukunft immer wieder reflektiert und gewichtet werden muss. Schließlich wird nicht ohne Grund gefragt „Spielen Wissenschaftler Gott?" Diese Fragestellung war auch ein Grund, warum der Senat der Leopoldina beschlossen hat, die Jahresversammlung der Akademie im Jahre 2011 unter dem von Erwin SCHRÖDINGER inspirierten Thema „Was ist Leben?" zu veranstalten. Ich bin sehr froh, dass damit diese außerordentlich interessante Thematik weiter im Fokus unserer Akademie bleiben wird.

Ein weiterer Punkt, den ich ansprechen möchte, wenn es um die Arbeit der Leopoldina als Nationalakademie geht, ist die Information der Gesellschaft und Öffentlichkeit. In dem Stück „Das Leben des Galilei" von Bertolt BRECHT wird die Forderung erhoben, dass die „Wissenschaft auch die Marktplätze erobern muss", um für ihre Anliegen zu werben. Dies ist aus meiner Sicht gerade in Deutschland notwendig. Deutschland ist eine „skeptische Nation", was wissenschaftlichen und technologischen Fortschritt angeht. Die Problematik der Kommunikation im Hinblick auf die grüne Gentechnik zeigt dies einmal mehr. Die Wissenschaft hat hier eine Bringschuld, neue Formen des Dialogs zwischen Wissenschaft und Gesellschaft sind notwendig. Hier müssen auch die Akademien eine besondere Rolle spielen und immer wieder sollte auch die Leopoldina mit neuen Erkenntnissen und Wertungen auf die Gesellschaft und die Öffentlichkeit zugehen. In diesem Prozess wird auch das neu eröffnete Büro der Leopoldina in Berlin für die inhaltliche Arbeit und für das Zusammenwirken mit Abgeordneten, Ministerien und Medien eine wichtige Rolle spielen.

Eine weitere Aufgabe, und damit komme ich zu meinem dritten Punkt, die eine Nationalakademie auszufüllen hat, ist die Repräsentanz der deutschen Wissenschaft in internationalen Akademien-Gremien. Die Leopoldina war immer eine internationale Akademie; der Gründer BAUSCH hat sich von den italienischen Akademien, insbesondere von der *Accademia dei Lincei* inspirieren lassen, 1652 die Leopoldina zu gründen, und die Leopoldina hatte auch immer wieder renommierte ausländische Forscher in ihren Reihen, von dem Botaniker Carl VON LINNÉ über den Physiologen Marcello MALPIGHI bis hin zu Charles DARWIN. Insofern ist die Internationalität eine gelebte Realität der Leopoldina seit altersher, und auch momentan kommen zwei Drittel der Mitglieder aus den deutschsprachigen Ländern, das restliche Drittel aber aus weiteren 28 Staaten.

Heute stellen sich die internationalen Aufgaben im europäischen Rahmen und weltweit in neuer und besonderer Art und Weise. Durch die Tatsache, dass Herr TER MEULEN schon

should make it possible to evaluate new DNA sequences independently in order to exclude abuse. I am certain that the whole area of synthetic biology will have to be looked at and evaluated at frequent intervals in the future. There is, after all, some justification for the frequently-asked question of whether scientists are playing God. This question was also one of the reasons that the Senate of the Leopoldina decided to take Erwin SCHRÖDINGER as the inspiration for the Academy's biennial assembly in 2011 and make the event's topic the question, "What is life?". I am very glad that this extremely interesting subject will stay in the Academy's focus.

Another point that I would like to mention in connection with the Leopoldina's role as the National Academy is its work informing the public at large. In BRECHT's play *Life of Galileo*, the call is made for science to conquer the market place in order to make its wishes known, and I believe this is exactly what must happen in Germany. Germany is a "sceptical nation" when it comes to scientific and technological progress, and the communication problems to do with green gene technology are just one more example of this. Science must actively prove itself here, and new forms of dialogue between it and society are needed. The academies have a special role to play, and the Leopoldina must also bring new insights and assessments to the public's attention. Our new office in Berlin will be an important contributor to the Leopoldina's collaboration with members of the Bundestag, with ministries and with the media.

A further task that a national academy has to fulfil – and this brings me to my third point – is to represent German science on international academy committees and panels. The Leopoldina has always been an international academy: our founder BAUSCH was inspired by Italian academies, in particular the *Accademia dei Lincei*, to set up the Leopoldina in 1652, and we have always had non-German scientists amongst our members, ranging from botanist Carl VON LINNÉ via physiologist Marcello MALPIGHI through to Charles DARWIN. So, internationalism has been the reality in the Leopoldina since the very beginning; today two thirds of our members come from the German-speaking countries, while the other third come from a total of 28 other countries.

International challenges nowadays take on different and special forms in the European and global contexts. The fact that Professor TER MEULEN was elected President of the European Academies Science Advisory Council (EASAC) three years ago means that the Leopoldina is now playing a central role in the orchestra of European academies. With EASAC, certain scientific discussions which are held and resolved on a European level in the committees of the European Commission, the European Parliament and other institutions can be made more audible to the scientific community and the public at large. I am thinking here particularly of the problems of biodiversity and the spread of infections. I am looking forward to making a trip to Canada in the very first week of my presidency, where the academies of the G8 states will discuss the agenda for the next G8 meeting of heads of state and government. I will also be visiting the Israeli Academy of Sciences in the near future; this is another example of the close ties between academies of science in the international arena.

Other concrete projects to be pursued include Health Centers in Africa which will initiate cooperation on medical research. Collaborating with African academies is something that has just begun, and it will continue to be a major priority for me. I also envisage so-called partner projects which will focus on mutual information, assistance and support as well as collaboration in joint projects such as research into infections.

vor drei Jahren zum Präsidenten des *European Academies Science Advisory Council* (EASAC) gewählt wurde, spielt die Leopoldina im Konzert der europäischen Akademien eine wichtige Rolle. Mit Hilfe von EASAC ist es möglich, bestimmte wissenschaftliche Fragestellungen, ich denke an Probleme der Infektionsausbreitung oder der Biodiversität, die auf europäischer Ebene diskutiert und entschieden werden, in den Gremien der Europäischen Kommission, des Europaparlamentes und in anderen Institutionen noch stärker hörbar zu machen. Ich bin gespannt darauf, gleich in den ersten Wochen meiner Präsidentschaft nach Kanada reisen zu können, um im Kreise der Akademien der G8-Staaten die Agenda für das nächste G8-Treffen der Staats- und Regierungschefs zu besprechen. Weiterhin werde ich in Kürze die Israelische Akademie der Wissenschaften besuchen, auch dies ein Beispiel für die enge Verflechtung der Wissenschaftsakademien auf internationalem Gebiet.

Weiterhin sollen konkrete Projekte wie die „Health Centers" in Afrika, in denen wissenschaftliche Kooperationen auf dem Gebiet der Gesundheitsforschung angebahnt werden, weiter verfolgt werden. Gerade die Zusammenarbeit mit den afrikanischen Akademien, die bereits begonnen hat, wird mir dabei ein großes Anliegen sein. Auch sogenannte „Partner-Projekte", bei denen es um gegenseitige Information, Hilfe und Unterstützung geht, aber auch um die Arbeit in gemeinsamen Projekten, z. B. auf dem Gebiet der Infektionsforschung, kann ich mir in der Zukunft sehr gut vorstellen.

Weiter möchte ich hervorheben, dass es eine große Aufgabe der Akademien ist, noch stärker als bisher auf den wissenschaftlichen Nachwuchs zuzugehen. Die Geschichte der Leopoldina kennt mehrere Ansätze, mit dieser Aufgabe umzugehen. So wurde etwa der Zoologe Alfred Edmund Brehm im 19. Jahrhundert schon mit 20 Jahren als Mitglied zugewählt. Heute gehen wir einen anderen Weg, gemeinsam mit der Berlin-Brandenburgischen Akademie der Wissenschaften hat die Leopoldina vor nunmehr 10 Jahren die Junge Akademie ins Leben gerufen. Die erfolgreiche Arbeit der Jungen Akademie zeigt, dass der Akademie-Gedanke auch in der jungen Generation attraktiv sein kann und gelebt wird. Ich sehe mit Interesse, dass die Arbeit der Jungen Akademie sehr gut vorangeht. Dies hat beispielsweise der Workshop zur Etablierung einer weltweit tätigen Jungen Akademie, der in der vergangenen Woche in Berlin stattfand, gezeigt. Ich hoffe sehr, dass es zu einer verstärkten auch inhaltlichen Zusammenarbeit zwischen Junger Akademie und Leopoldina kommen wird, beispielsweise auf dem interessanten Gebiet „Klima und Kulturen".

Die Leopoldina besitzt mit ihrem Leopoldina-Förderprogramm ein vorzügliches Instrument, junge Wissenschaftlerinnen und Wissenschaftler in der Postdoktorandenphase an sich zu binden. Leopoldina-Mitglieder übernehmen dabei eine Mentorenfunktion für die Geförderten. Ich könnte mir sehr gut vorstellen, dass so ein Mentorenprogramm noch weiter ausgebaut werden kann, in dem junge Wissenschaftlerinnen und Wissenschaftler gerade im Zeitraum zwischen ihrer Promotion und Habilitation durch erfahrene Akademiemitglieder beraten und geführt werden könnten. Aber auch das Schülerprogramm, welches wir gemeinsam mit der Gesellschaft Deutscher Naturforscher und Ärzte (GDNÄ) während der Jahresversammlung im vergangenen Jahr durchgeführt haben, halte ich für ausbaufähig und für sehr wichtig, um den Nachwuchs für die Wissenschaft und die Arbeit der Leopoldina zu begeistern.

Ich komme zum letzten Punkt: Was bedeutet dies alles nun für die Leopoldina selbst? In diesem Zusammenhang fällt mir ein Bild aus der Literatur ein. Lewis Carrolls Büchlein *Alice hinter den Spiegeln* stellt die literarische Ausformulierung der sogenannten „Red Queen"-Hypothese dar, die besagt, dass alle Organismen in der Evolution einem ständigen

I would like to stress that one of the major responsibilities of the academies is to do more to bring on the next generation of researchers. There have been several attempts to do this in the Leopoldina's history. For example, zoologist Alfred Edmund BREHM was elected as a member at the tender age of 20 in the 19th century. Today we are approaching the issue differently: together with the Berlin-Brandenburg Academy of Sciences, the Leopoldina launched the Young Academy 10 years ago. Its success shows that the idea of an academy can be attractive to younger people and can be filled with life. I have been watching, and continue to watch, with great interest the progress of the Young Academy's work, shown for example by the workshop on establishing a Global Young Academy which took place last week in Berlin. I hope very much that the Young Academy and the Leopoldina can work together more closely and substantively on interesting topics such as "Climate and Cultures."

The Leopoldina Fellowship programme has shown itself to be an excellent method of binding young scientists in the post-doctoral phase to the Academy. Members of the Leopoldina act as mentors for the young researchers in the programme, and I can envisage expanding the idea by putting experienced members of the academy alongside young researchers to advise and guide them between their doctorate and post-doctoral qualification. The programme which we ran in co-operation with the GDNÄ, the Society of German Natural Scientists and Physicians during our Biennial Assembly, last year, is, I think, a very important and promising way of sparking young people's interest in science and the Leopoldina's work.

I would now like to come to my last point, which is: what does all this mean for the Leopoldina itself? It makes me think of an image from literature. In *Through the Looking Glass*, Lewis CARROLL introduces the so-called "Red Queen's Hypothesis" which posits that all organisms in an evolutionary system must change constantly. CARROLL writes; "Now, here, you see, it takes all the running you can do, to keep in the same place. If you want to get somewhere else, you must run at least twice as fast as that!" In other words, permanent change is fundamental to evolution, and this applies to institutions as well. The Leopoldina must change to fulfil its function.

This is why we are currently grouping the Leopoldina's 28 Sections into four classes. The idea is to strengthen interdisciplinary exchange. The members are always at the very core of the Academy's activities; they are a genuine "treasure." The 1300 members of the Leopoldina represent a broad spectrum of disciplines, from A for astronomy through to Z for zoology. Between them lie C for chemistry, N for neurosciences and T for theology. The very diversity of the members' disciplines is the Leopoldina's great strength.

At the moment we are currently expanding the Leopoldina office to include three new departments, we are setting up an office in Berlin and we are making a number of other organisational changes. Among the activities planned for the future, the restoration and conversion of the old *Logenhaus* on the Jägerberg here in Halle is a major project. We are very lucky that such an attractive building is being restored for the Leopoldina here in Halle. It will become, as Federal President Horst KÖHLER said, "a convivial place for the free spirit."

We should, however, not forget that the future can be secured only if tradition is also safeguarded. The Leopoldina has a famous tradition, a glorious past featuring the great scientific events of the last 350 years. But we cannot allow the darker sides of German history to be forgotten.

Jörg Hacker

Änderungsprozess unterliegen. Es heißt in dem Roman: „Um auf der Stelle zu bleiben, musst du so schnell rennen wie du kannst. Wenn du woanders hin willst, musst du mindestens doppelt so schnell rennen." Mit anderen Worten, es ist in der Evolution ständiger Wandel angesagt. Dies gilt auch für Institutionen, auch die Leopoldina muss sich weiter wandeln, um ihren Aufgaben gerecht zu werden.

Deshalb sind wir momentan auch dabei, die 28 Sektionen der Leopoldina in vier Klassen zusammenzufassen. So soll der interdisziplinäre Austausch gestärkt werden. Überhaupt stehen die Mitglieder der Akademie immer im Mittelpunkt der Aktivitäten. Sie stellen einen wahren „Schatz" dar. Die 1300 Leopoldina-Mitglieder vertreten ein breites Fächerspektrum von A wie Astronomie bis Z wie Zoologie. Dazwischen steht auch ein C für Chemie, ein K für Kulturwissenschaften oder ein T für Theologie. Gerade die interdisziplinäre Zusammensetzung der Mitgliedschaft stellt das große Plus der Leopoldina dar.

Weiterhin kommt es momentan zu einem Ausbau der Geschäftsstelle mit drei neuen Abteilungen, zur Etablierung des Büros in Berlin und zu vielen weiteren organisatorischen Veränderungen. Bei den zukünftigen Aktivitäten spielen auch die Sanierung und der Umbau des ehemaligen Logenhauses auf dem Jägerberg eine wichtige Rolle. Es handelt sich um einen Glücksfall, dass in Halle ein so attraktives Gebäude für die Leopoldina restauriert wird. Das Logenhaus soll sich dabei zu einem „gastlichen Ort für den freien Geist" entwickeln, wie es Bundespräsident Horst KÖHLER ausgedrückt hat.

Dabei gilt aber, dass man nur dann die Zukunft gewinnt, wenn man sich der Traditionen versichert. Die Leopoldina hat eine glänzende Tradition, eine große Vergangenheit, in ihrer Geschichte spiegeln sich die großen Ereignisse der Wissenschaften in den letzten 350 Jahren. Aber auch die düsteren Zeiten der deutschen Geschichte dürfen nicht unerwähnt bleiben.

Insofern habe ich es sehr begrüßt, dass kürzlich eine Stele im Garten der Leopoldina zum Gedenken an die im Konzentrationslager umgekommenen Leopoldina-Mitglieder errichtet wurde.

Bei der Umsetzung aller Pläne werde ich auf die Hilfe aller Mitarbeiter der Geschäftsstelle angewiesen sein. Schon jetzt danke ich für die freundliche Aufnahme, stellvertretend möchte ich dies bei Frau SCHNITZER-UNGEFUG, der Generalsekretärin, tun. Auch das Präsidium hat in den Zusammenkünften, an denen ich teilnehmen durfte, konstruktiv die ersten Schritte meiner Arbeit begleitet. Auch hier sage ich Dank für die schon jetzt kollegiale und freundschaftliche Zusammenarbeit. Dem Senat möchte ich meinen Dank aussprechen für seine engagierte Mitarbeit. Ich darf in diesem Zusammenhang auch meinen ehemaligen Mitarbeiterinnen und Mitarbeitern des Robert Koch-Instituts in Berlin danken für die vorzügliche Zusammenarbeit und für ihr Verständnis im Hinblick auf meinen Wechsel zur Leopoldina.

Nicht zuletzt bin ich der Stadt Halle und ihrer Universität sowie den Zuwendungsgebern, dem Land Sachsen-Anhalt und dem Bund zu Dank verpflichtet. Zuwendung ist hier nicht nur materiell zu verstehen, auch die ständige Hilfe und Diskussionsbereitschaft, eben die immaterielle Zuwendung zur Akademie ist hier zu nennen. In diesem Zusammenhang danke ich Ihnen, sehr verehrte Frau Bundesministerin SCHAVAN, für Ihr Engagement bei der Weiterentwicklung der Leopoldina zur Nationalen Akademie der Wissenschaften. Ich freue mich auch ganz persönlich, dass die Zusammenarbeit, die wir beispielsweise im Rahmen der Novellierung des Stammzellgesetzes hatten, nunmehr auf anderer Ebene weitergeführt wird. Ebenso sehe ich der Zusammenarbeit mit Ihnen, Herr Ministerpräsident BÖHMER, mit

In that sense, I was very pleased when a memorial to the Leopoldina members who died in Nazi concentration camps was unveiled recently in the Leopoldina garden.

When it comes to realizing all these plans, I will be relying on the support of the staff in the Leopoldina office. I would like to thank them now through Professor SCHNITZER-UNGEFUG, our Secretary-General, for the warm welcome they have given me. The Presidium has also contributed to the next steps in my work during the meetings in which I have participated. My thanks go also to the Senate for its hard work. I would also like to mention my former colleagues at the Robert Koch Institute in Berlin for the excellent co-operation I enjoyed there, and for their understanding regarding my move to the Leopoldina.

Last but by no means least, I am grateful to the city of Halle, the university and the other benefactors, namely the State of Saxony-Anhalt and the federal government. The support here has not been just material or financial, but includes a constant readiness to assist and discuss. Minister SCHAVAN, I thank you personally for your commitment to developing the Leopoldina into the National Academy of Sciences. Also on a personal note, I look forward to continuing in a different field the co-operation that we have enjoyed so far, for example in amending the law allowing the import of embryonic stem cell lines. I am also looking forward to working with you, Minister President BÖHMER, with Minister OLBERTZ and with the representatives of the State of Saxony-Anhalt. Together, we will expand the Leopoldina from its base here in Halle and raise its national and international profile even further.

As we are talking about support, I must mention my family. My wife and our two children have always supported me in my work, and I know that they will continue to do so on this new journey.

To conclude my remarks, I would like to return to the change of presidency that took place here in Halle seven years ago when Benno PARTHIER handed over to Volker TER MEULEN. Professor TER MEULEN drove the Academy on significantly during his time in office. When he took over the presidency, Professor PARTHIER said the following: "The Leopoldina owes its good reputation and the pleasant atmosphere in its community, and thus ultimately its success, to the 'heart of people.' My last wish as President is that this heart will remain our focus, that it will not be harmed by bureaucratic routine, nor have its blood squeezed out by an excess of political correctness." I ask you for your support with this wish. Let us, as GOETHE suggested, "Do together what is impossible for the individual," true to our Academy's motto:

"Nunquam otiosus".

Thank you for your attention!

> Prof. Dr. Dr. h. c. mult. Jörg HACKER
> German Academy of Sciences Leopoldina –
> National Academy of Sciences
> Postfach 11 05 43
> 06019 Halle (Saale)
> Germany

Herrn Minister OLBERTZ und den Repräsentanten des Landes Sachsen-Anhalt mit großen Erwartungen entgegen. Wir werden die Leopoldina gemeinsam von Halle aus zu verstärkter nationaler und internationaler Sichtbarkeit weiterentwickeln.

Und wenn von Zuwendung die Rede ist, so möchte ich meine Familie nicht vergessen. Meine Frau und unsere beiden Kinder haben meine wissenschaftliche Arbeit immer mitgetragen, und ich weiß, dass sie mich auch in Zukunft auf diesem Weg unterstützen werden.

Zum Abschluss meiner Betrachtungen möchte ich noch einmal auf den Amtswechsel eingehen, der vor sieben Jahren hier in Halle begangen wurde und der die Übergabe des Amtes des Leopoldina-Präsidenten von Herrn PARTHIER zu Herrn TER MEULEN markierte. Herrn TER MEULEN ist es gelungen, die Akademie ein wirklich großes Stück voranzubringen. Als er seine Aufgabe übernahm, hat Herr PARTHIER folgende Sätze formuliert: „Besonders dem ‚Herz des Menschen' verdankt die Leopoldina in hohem Maße ihren guten Ruf und das angenehme Klima in ihrer Gemeinschaft, schließlich auch ihre Erfolge. Mein letzter Präsidentenwunsch", so Herr PARTHIER, „sei, dass dieses Herz unser Mittelpunkt bleibe und nicht von bürokratischen Üblichkeiten geschädigt werde und kein Übermaß an political correctness ihm das Blut abdrückt". Diesem Wunsch möchte auch ich gerne entsprechen. Für die Bewältigung bitte ich Sie im Sinne GOETHES um Unterstützung. Lassen Sie uns, „was dem Einzelnen unmöglich wird, vereinigt leisten", getreu dem Wahlspruch unserer Akademie „Nunquam otiosus".

Ich danke Ihnen für Ihre Aufmerksamkeit!

        Prof. Dr. Dr. h. c. mult. Jörg HACKER
        Deutsche Akademie der Naturforscher Leopoldina –
        Nationale Akademie der Wissenschaften
        Postfach 11 05 43
        06019 Halle (Saale)
        Bundesrepublik Deutschland

Festrede / Lecture

**Wissenschaftskultur
Zur Vernunft wissenschaftlicher Institutionen**

**The Culture of Science
On Reason in Scientific Institutions**

Jürgen MITTELSTRASS ML (Konstanz)

Jürgen Mittelstraß

Von der Reichsakademie, 1687 erhoben durch Kaiser LEOPOLD I., zur nationalen Akademie, 2008 ernannt durch Ministerin Annette SCHAVAN, ist es eigentlich nur ein kleiner institutioneller Schritt, und vom Mikrobiologen Volker TER MEULEN zum Mikrobiologen Jörg HACKER, nach Maßstäben wissenschaftlicher Exzellenz und institutioneller Erfahrung, auch. Nur ist aus einer medizinischen Sozietät längst ein Spiegel des wissenschaftlichen Universums geworden und aus Präsidenten, die zu kaiserlichen Leibärzten erhoben wurden, Präsidenten, die sich weniger um das leibliche Wohl der Regierenden als um das Wohl der Wissenschaft und das wissenschaftliche Wohl der Gesellschaft kümmern.

Bei alledem ist sich die Leopoldina in ihrem wissenschaftlichen und institutionellen Wesen treu geblieben. Sie ist ein Abbild der Welt der Wissenschaft, und sie gibt dieser Welt ein (institutionelles) Gesicht. Das wiederum hat sie mit allen wissenschaftlichen Akademien gemein, verbunden mit der Verantwortung für eine Welt, die die Wissenschaft, die sie als Akademie repräsentiert, mitgeschaffen hat – der Verantwortung für eine Leonardo-Welt. Von dieser Welt und von der Aufgabe einer Akademie in ihr, desgleichen von den Anmutungen des Zeitgeistes, der mit Institutionen und ihrer Kultur nicht mehr viel im Sinn zu haben scheint, soll hier die Rede sein.

Heute beäugt der Geist, den es nach HEGEL beständig zum Absoluten treibt, argwöhnisch eine Welt, die unter Einfluss einer andauernden Verwissenschaftlichung aller Verhältnisse, also doch unter seiner kräftigen Mitwirkung, eine *technische Kultur* geworden ist und sich auch so versteht. Das hat etwas mit der Alternativlosigkeit von wissenschaftlich produziertem Wissen und wissenschaftlich fundierter Rationalität zu tun, ferner mit einem vermeintlichen Gegensatz von Wissenschaft und Technik einerseits und Kultur andererseits. Wo Wissenschaft und Technik sind, so ein verbreitetes Vorurteil, schweigt die Kultur, und wo Kultur ist, schweigen Wissenschaft und Technik. Den Hintergrund bildet eine Kultur- und Geistesgeschichte, die vornehmlich das Künstlerische und Literarische und alles ihnen Benachbarte liebt und sich in einer Zwei-Kulturen-Vorstellung, die eigentlich gegen alles Kulturelle erfunden wurde, noch heute geborgen fühlt, ferner eine Auffassung von Wissenschaft und Technik, nach der diesen vermeintlich schon in der Wiege alles Geistige, und somit auch alles Kulturelle, ausgetrieben wurde.

Diese Vorstellung ist falsch, und sie war immer schon falsch. Kultur – das ist eben nicht nur Abendland, Hellas, deutsche Klassik, sondern auch Himmel und Erde noch einmal geschaffen, Verwandlung der Welt in die Welt des Menschen. Dazu gehören auch Wissenschaft und Technik. Weder lässt sich das Kulturelle gegenüber dem Wissenschaftlichen und dem Technischen isolieren, noch umgekehrt das Wissenschaftliche und das Technische gegenüber dem Kulturellen. Neben *homo sapiens* wohnten immer schon *homo investigans* und *homo faber*, neben dem kontemplativen Verstand immer schon der forschende und der konstruierende Verstand. Ihrem Zusammengehen verdankt sich die moderne Welt. Eine solche Welt nenne ich die *Leonardo-Welt*, nach LEONARDO DA VINCI, dem großen Renaissancewissenschaftler, Ingenieur und Künstler, in dessen Werk nicht nur die moderne Welt, eine Welt des wissenschaftlichen und des technischen Verstandes, erwacht, sondern auch die Einheit alles Wissenschaftlichen, Technischen und Kulturellen auf eine großartige Weise zum Ausdruck kommt.

Die Leonardo-Welt ist eine *artifizielle* Welt – sie wird erfunden, nicht wie die Natur entdeckt. Das bedeutet aber auch, dass Wissenschaft und Technik, d. h. die eigentlichen Konstrukteure dieser Welt, immer tiefer in ihre eigene Welt hineingezogen werden. Wissenschaft ist nicht länger ein nur beobachtendes und analysierendes Tun, zur selbstverliebten

Festrede / Lecture

It is really only a small step for an institute to go from the Imperial Academy founded by Emperor LEOPOLD I in 1687 to the National Academy designated by Minister Annette SCHAVAN in 2008. Similarly, it is hardly a giant leap in terms of scientific excellence and international experience from the microbiologist Volker TER MEULEN to the microbiologist Jörg HACKER. But what started out as a medical society has long since become a mirror of the universe of science, and presidents who used to be raised to the post of personal physician to the Emperor now deal less with the physical wellbeing of the ruler and are more concerned with the health of science and the scientific interests of society at large.

Despite these changes, the Leopoldina has always remained true to its scientific and institutional essence. It is a microcosm of the world of science and it gives that world an (institutional) face. This is something that it shares with all scientific academies, along with a responsibility for a world which the sciences it represents has created – responsibility for a Leonardo World. My talk here today is about this world and the Academy's function in it, and about a *Zeitgeist* which seems to have little interest in institutions and their culture.

Today, the Spirit which HEGEL saw as always being pushed towards the absolute looks suspiciously at a world which, under the influence of the constant scientification of relations – in other words thanks in no small part to its own action – has become and sees itself as a *technical culture*. This has something to do with the lack of alternatives to scientifically produced knowledge and scientifically grounded rationality, and also with a supposed opposition between science and technology on the one hand and culture on the other. Where there is science and technology, says a broadly-held prejudice, culture is silent, and where there is culture, science and technology are quiet. The background to this is a cultural and intellectual history which privileges the artistic and the literary and all things related, and which still feels protected by a concept of two cultures which was in fact invented in the face of things cultural. The prejudice is also based on an understanding of science and technology according to which everything spiritual, meaning everything cultural, was probably exorcized when science was still in the cradle.

This understanding is wrong, and it always has been wrong. Culture is not just the West, Hellas, German Classicism; it is also about recreating Heaven and Earth, metamorphising the world into the world of humankind. And that includes science and technology. The cultural can no more be isolated from the scientific and the technological any more than the scientific and technological can be cut off from the cultural. *Homo sapiens* has always lived alongside *homo investigans* and *homo faber*, the contemplative mind existing in parallel with the investigative mind and the constructive mind. The modern world owes its existence to their coexistence. I call this world the Leonardo World after LEONARDO DA VINCI, the great renaissance scientist, engineer and artist in whose work we see not just the awakening of the modern world, a world of scientific and technical reasoning; we see also a magnificent expression of the unity of the scientific, the technical and the cultural.

This Leonardo World is an *artificial* world – it is invented and not, like nature, discovered. That also means, however, that science and technology, that is to say the actual constructors of this world, are drawn ever deeper into their own world. Science is no longer simply observing and analysing for the self-absorbed entertainment of the mind or the spirit in its ivory tower. Instead it is shaping and changing the world, and the same applies to technology. It means that the scientification of the world is also a worldification of science, so to speak, and this changes the responsibilities and expectations of science. If I may reduce it to the essence, whereas the sole task of science appeared to be to identify what held the

Jürgen Mittelstraß

Freude der Vernunft oder des Geistes mit Sitz in Elfenbeintürmen, sondern ein weltgestaltendes und weltveränderndes Tun; das gleiche gilt von der Technik. Dabei bedeutet die Verwissenschaftlichung der Welt auch die Verweltlichung der Wissenschaft, womit sich auch die Zuständigkeiten und die Erwartungen an Wissenschaft ändern. Pointiert formuliert: Während es bisher so scheinen mochte, dass zu erkennen, was die Welt im Innersten zusammenhält, die alleinige Aufgabe der Wissenschaft war, ist es in einer Leonardo-Welt mehr und mehr die Notwendigkeit, die Welt (wissenschaftlich und technisch) zusammenzuhalten. Die Vorstellung, dass Wissenschaft nützlich ist bzw. nützlich sein soll, hat nicht nur politisch, sondern auch wissenschaftstheoretisch gewaltig an Aktualität gewonnen. Das Gleiche gilt von der Kultur, die Wissenschaft und Technik schaffen.

Insofern kommt aber auch, wenn wir über Wissenschaft und ihre Rolle in der modernen Welt nachdenken, alles auf die Betonung einer, möglicherweise auch erst wiederherzustellenden, Einheit alles Wissenschaftlichen, Technischen und Kulturellen an. Dabei muss die Wissenschaft lernen, dass ihr – bei allem berechtigten Anspruch, zunächst ihre eigenen Erkenntniszwecke zu verfolgen – nicht in die Wiege gelegt wurde, anwendungsfern zu sein. Die Wirtschaft muss in technologischen Dingen lernen, dass die Wissenschaft auf ihrer Suche nach dem Neuen anders tickt als ein Produktionsbetrieb. Und das, was wir als das Kulturelle bezeichnen, muss wieder begreifen, dass die Welt der Wissenschaft und der Wirtschaft auch seine Welt ist. Nur was Köpfe nicht mehr zusammenzuhalten vermögen, zerlegt sich in eigene Welten, in denen sich dann auch die Köpfe nicht mehr auskennen. Das hat nichts mit der Sehnsucht nach einfachen Verhältnissen zu tun. Einfach sind nur mythische Verhältnisse, in denen Verstand und Vernunft schlafen. Oder anders ausgedrückt: Man muss die Leonardo-Welt wollen und an ihrer Weiterentwicklung arbeiten, um nicht unter ihr zu leiden oder wieder in unvernünftige Verhältnisse zu geraten.

Noch einmal zur Rolle der Wissenschaft in diesem Zusammenhang.[1] Nirgendwo ist das Neue, das die Leonardo-Welt in Gang hält, so nah wie in der Wissenschaft – in Form neuer Einsichten, erwarteter oder unerwarteter Entdeckungen, in Form von Konstruktionen oder Erfindungen, wenn nämlich die Wissenschaft, z.B. die Mathematik, das, was sie entdeckt, selbst noch erfindet. Wissenschaft ist stets auf das Neue aus, und sie hat das Neue im Blut. Wo es fehlt oder auf Dauer ausbleibt, verliert sich Wissenschaft selbst aus dem Auge, stirbt Wissenschaft ab. Das bedeutet nicht, dass das Neue, das die Wissenschaft in die Welt bringt, stets auch das Neue ist, das die Gesellschaft von ihr erwartet. Viele wissenschaftliche Theorien bleiben unter sich und sterben – manchmal schneller, manchmal langsamer – aus, ohne Spuren in den Lehrbüchern oder gar in der Welt zu hinterlassen. Viele Experimente bleiben *l'art pour l'art*, bewegen Generationen von Forschern, aber nicht die Welt. Wissenschaft also als nutzlose Wolkenschieberei? Was gelegentlich so erscheinen mag, gehört tatsächlich zum ‚Spiel Wissenschaft', wie das Karl POPPER einmal genannt hat,[2] macht ihre besondere Neugierde und ihre besondere Freiheit aus, ohne die sie nicht zu existieren vermag. Wäre Wissenschaft – was sich manche wünschen mögen – nur der verlängerte Arm der Werkbänke, verlöre sie gerade ihre produktive Kraft, die allemal darin besteht, das Neue in die Welt zu bringen, nicht das Gewohnte oder das Begehrte, selbst ohne Einsichten und Einfälle, zu fördern. Außerdem gibt es kein Maß und kein Kriterium, das in der Wissenschaft,

---

1 Vgl. MITTELSTRASS, J.: Das Neue in der Forschung und die Forschungspolitik. In: SCHMIDINGER, H., und SEDMAK, C. (Eds.): Der Mensch – ein kreatives Wesen? Kunst – Technik – Innovation. S. 75–85. Darmstadt 2008.
2 POPPER, K. R.: Logik der Forschung. Tübingen ^{8}1984, S. 26.

world together at its core, science in a Leonardo World increasingly has the task of itself (scientifically and technologically) actually holding the world together. The idea that science is or should be useful has gained enormously in currency, not just in political terms but also as far as the theory of science is concerned. And the same can be said of the culture that science and technology create.

It can also be said that, when we think about science and its role in the modern world, the emphasis lies on a unity – that may have to be recreated – of the scientific, the technological and the cultural. Despite its justified interest in pursuing its own ends in the name of knowledge, science nonetheless has to learn that it has no given right to ignore applicability. When it comes to technology, business has to learn that science operates differently in its search for knowledge compared to an organisation dedicated to production. And what we call culture also needs to remember that the world of science and business is also its world. It is only what minds cannot keep together that fragments into separate worlds which the minds then cannot understand. This has nothing to do with a desire for simplicity. Simplicity is a mythical condition in which intellect and reason are asleep. To put it another way: we must want the Leonardo World and work to develop it further if we are not to suffer in it or fall back into unreason and irrationality.

To come back to the role of science in this connection:[1] Nowhere is the new, that which keeps the Leonardo World in motion, as close as in science. It takes the form of new insights, expected or unexpected discovery, or constructions or inventions when science such as mathematics not only discovers something but invents it as well. Science is always searching for the new, and the new runs in its veins. Whenever the new is missing or fails to appear, science loses sight of itself and dies away. This does not mean that the new that science brings into the world is necessarily the new that society expects. Many scientific theories keep their own company and pass away – sometimes quickly, sometimes slowly – without ever leaving a trace in text books, to say nothing of the world at large. Many experiments remain *l'art pour l'art*; they inspire generations of scientists, but not the world. So is science mere idle play? What may occasionally seem so is in fact part of the "game of science," as Karl POPPER called it[2], and is what characterises the curiosity and the special form of liberty without which science could not exist. If, as some people seem to want, science was simply an extension of the production line, it would in fact lose its productive energy, which consists of introducing into the world the new and not in cultivating the familiar or the desirable without insights or ideas. Besides, there is no measure and no criteria that could be used in advance to differentiate between fruitful and unfruitful in terms of applicability.

In other words, research follows its own path, driven on by its own questions and ideas, and it takes science along with it, a science which is always at its most productive when it trusts its own tracking instincts, which in turn always mean setting off into the unknown in the search of the new. Anybody who expects great things, including applicable things, from science would do well to follow it down these paths and not try to squeeze it into social structures in the name of short-term gain. Occasionally that does work, when the paths of science and society cross, but in the long term it would inevitably lead to scientific and thus

---

1 Cf. MITTELSTRASS, J.: Das Neue in der Forschung und die Forschungspolitik. In: SCHMIDINGER, H., und SEDMAK, C. (Eds.): Der Mensch – ein kreatives Wesen? Kunst – Technik – Innovation; pp. 75–85. Darmstadt 2008.
2 POPPER, K. R.: Logik der Forschung. Tübingen ^{8}1984, p. 26.

bezogen auf erwartete Anwendungen, von vornherein zwischen dem Fruchtbaren und dem Unfruchtbaren unterscheiden ließe.

Mit anderen Worten, Forschung geht, wohin sie will, getrieben von ihren eigenen Fragen und Einfällen, und mit ihr die Wissenschaft, die stets dort am fruchtbarsten ist, wo sie ihrer eigenen Witterung vertraut, die immer wieder Aufbruch ins Unbekannte, auf der ständigen Suche nach dem Neuen, bedeutet. Wer von der Wissenschaft viel erwartet, auch in Anwendungsdingen, sollte ihr daher auch auf diesen Wegen folgen und nicht versuchen, auf kurzfristigen Vorteil bedacht, sie in die eigenen gesellschaftlichen Wege zu zwingen. Das mag manchmal gutgehen, wenn sich wissenschaftliche und gesellschaftliche Wege treffen; auf längere Zeit würde es unweigerlich wissenschaftliche und damit dann auch wieder gesellschaftliche (zumal wirtschaftliche) Sterilität bedeuten. Die untergegangene kommunistische Welt, die auf ihre Weise die Produktivität der Wissenschaft entdeckt, diese aber gerade nicht in der wissenschaftlichen Freiheit und in unbegrenzten Spielräumen gesehen hat, sollte dafür ein mahnendes Beispiel sein.

Das bedeutet auch, dass Wissenschaft nicht – und wenn doch, dann nur in wenigen Bereichen – wirklich planbar ist. Zwar ist ihr Weg mit Forschungsprogrammen, Projekten und Entdeckungsstrategien gepflastert, zwar besteht jede Wissenschaftsförderung auf konkreten und in ihren Versprechungen realistischen Arbeitsabläufen, doch weiß im Grunde jeder, jeder Wissenschaftler und jeder Wissenschaftsförderer, dass sich wissenschaftliche Ergebnisse nicht erzwingen lassen, dass Wissenschaft der verqueren Logik von Fünfjahresplänen ebensowenig folgt wie eine erfolgreiche Volkswirtschaft, dass gerade in ihrer mangelnden Determiniertheit ihre ungeheure Kraft liegt.

Der Zusammenhang mit Kultur, der Kultur einer Leonardo-Welt, stellt sich hier in folgender Weise, in der Unterscheidung zwischen drei Bedeutungen von Wissenschaft, dar. So ist Wissenschaft erstens eine besondere *Form der Wissensbildung*, nämlich die durch besondere (theoretische und praktische) Normen und Standards bestimmte Wissensbildung. Diese Normen und Standards sichern auch das, was wissenschaftliche Objektivität besagt. Sie ist zweitens eine *Institution*, nämlich eine gesellschaftliche Veranstaltung zur Stabilisierung der wissenschaftlichen Form der Wissensbildung. Ihre institutionelle Form ist es auch, die Wissenschaft in einer Gesellschaft auf Dauer stellt. Und Wissenschaft ist drittens eine *Idee* und eine *Lebensform*, die auf (der Suche nach der) Wahrheit beruht und allein die immer wieder eingeklagte Autonomie der Wissenschaft und ihrer Institutionen begründet. Eben das ist auch mit der *Vernunft* wissenschaftlicher Institutionen gemeint, nicht etwas im Sinne eines staatsbürgerlichen Bekenntnisses oder einer Hegelschen Reminiszenz. Vernunft hat stets etwas mit Wahrheit und mit begründeter Selbstbestimmung zu tun, und mit wissenschaftlichen Institutionen dann, wenn diese in ihren Zwecken nicht primär von den wechselnden Bedürfnislagen der Gesellschaft abhängig sind, sondern diese Zwecke in der (an Wahrheit orientierten) Wissensbildung selbst sehen und in dieser Form verfolgen. Das heißt auch, dass sie in dieser Weise der Gesellschaft bzw. einer Leonardo-Welt auf längere Sicht besser dienen als in einer von vornherein verwertungsorientierten Weise. Die wahren Innovationen resultieren allemal aus Durchbrüchen theoretischer Art, wenn Wissenschaft das Neue auf ihre Weise findet, also in der Grundlagenforschung, nicht aus der kurzatmigen Auftragsforschung, deren Bedienung auch die Wissenschaft kurzatmig macht. In diesem Sinne hatte sich übrigens schon Wilhelm VON HUMBOLDT, der natürlich in keiner akademischen Festrede fehlen darf, geäußert. In seiner kurzen Rede anlässlich seiner Aufnahme in die Berliner Akademie am 19. Januar 1809 heißt es, dass die Wissenschaft „oft dann ihren

Festrede / Lecture

to social (at least economic) sterility. For a salutary example, we need look no further than the communist countries who knew about the productivity of science but did not see the necessity of liberty and the room to play freely.

The example also shows that science is not really plannable – or is at least only in a few areas. The road ahead may well be paved with research programmes, projects and discovery strategies, and every scientific grant or support programme may indeed demand to see concrete and realistic working procedures, but every scientist and every supporter of science nonetheless knows full well that scientific results cannot be forced, that science no more follows intractable five-year plans than does a strong economy which draws immense strength from its very lack of determination.

The connection with culture, the culture of a Leonardo World, is made in the following differentiation between three meanings of the word "science" (in German *Wissenschaft*, from *Wissen*, knowledge, and *schaffen*, to create). So, science is *knowledge creation*, and more specifically the creation of knowledge shaped by certain (theoretical and practical) norms and standards. These norms and standards ensure what we call scientific objectivity. Science is also an *institution*, namely a social activity which stabilizes the scientific form of knowledge creation. The institutional form is also what locates science within society in the long term. And thirdly, science is an *idea* and a *form of life* which centres on the search for truth and forms the basis of the frequently asserted autonomy of science and its institutions. It is this that is meant by the rationality ("Vernunft") of scientific institutions, not some civic recognition or Hegelian reminiscence. Rationality ("Vernunft") always has something to do with truth and self-determination, and also with scientific institutions when their objectives are not primarily dependent on the shifting demands of society but when they themselves see their objectives in the (truth-oriented) creation of knowledge and when they pursue them in this form. The further consequence is that they thus serve society or a Leonardo World better in the long term than if they were to follow an application-oriented path. True innovations are always the result of breakthroughs in theory, when science discovers something new in its own way, from pure research and not from short-term contract research. That kind of research makes science short-winded. Indeed, no less a person than Wilhelm von Humboldt, without whom no academic speech would be truly complete, saw this danger as well. In the short address he gave when he was elected to the Berlin Academy on 19 January 1809, he said that science "often pours out its most beneficial blessings on life when it appears to forget it."[3] Humboldt's words are a paean of praise to pure research and to science in general, as a way of life and service to society.

Among the scientific institutions whose rationality we are talking about are the academies. They were originally set up in opposition to the universities where science was being robbed of its real energy because it was being straitjacketed as authoritarian reproduction, and where its innate intellectual curiosity was being stifled. In view of the tormented universities, playthings of economic rationale (the so-called entrepreneurial university), political rationale (new laws governing university after every state election, meaning 16 different laws in Germany), and administrative rationale (more on this later), and in view of the fact that extramural research now appears to have lost most of its respect for universities, the academies today need to be the champions of a free, reflective science when the voice of

---

[3] In: Harnack, A.: Geschichte der Königlich Preußischen Akademie der Wissenschaften zu Berlin II. Berlin 1900, p. 341.

wohlthätigsten Segen auf das Leben (ausgießt), wenn sie dasselbe gewissermaßen zu vergessen scheint".[3] Das ist sowohl ein Loblied auf die Grundlagenforschung als auch auf Wissenschaft allgemein: als Lebensform und als gesellschaftlicher Dienst.

Zu den wissenschaftlichen Institutionen, um deren Vernunft es geht, gehören auch die Akademien. Diese wurden ursprünglich gegen die Universitäten gegründet, in denen sich die Wissenschaft in Form autoritätsverhafteter wissenschaftlicher Reproduktionsprozesse ihrer eigentlichen Kraft beraubt und in ihrer angeborenen intellektuellen Neugierde stillgelegt sah, und sie sollten auch heute wieder, mit Blick auf eine gebeutelte Universität, mit der der ökonomische Verstand (Stichwort: unternehmerische Universität), der politische Verstand (mit immer neuen Universitätsgesetzen zu jeder Legislaturperiode, und das in Deutschland 16 Mal) und der verwaltende Verstand (dazu später) ihr Spiel treiben, und mit Blick auf eine außeruniversitäre Forschung, die ihren Respekt gegenüber der Universität weitgehend verloren zu haben scheint, Anwälte eines freien, reflektierten wissenschaftlichen Geistes sein, wenn es darum geht, die Stimme der Wissenschaft unverstellt im gesellschaftlichen Diskurs, darin auch zwischen Wissenschaft und Politik vermittelnd, zur Geltung zu bringen. Und dies ohne jegliche partikulare Interessen, die auch die Universitäten und die außeruniversitären Forschungseinrichtungen vertreten, wenn es um Geld und Einfluss geht.

Das muss angesichts der institutionellen Schwächen und der sich manchmal aufdrängenden Nähe zu akademischen Seniorenheimen nahezu paradox klingen, doch geht es hier um die Idee, nicht um ihre, häufig verwirrende, Realisierung. Die Müdigkeit des Geistes, die wir heute allerorten zu registrieren glauben, ist in den Akademien keine Frage erfahrener Bedeutungslosigkeit oder des Alters, eher schon der Selbstgenügsamkeit gerade auch der wissenschaftlichen Institutionen und des mangelnden Willens, gegen den waltenden Zeitgeist das Neue und die Vernunft in die Welt zu bringen.

Mag sein, dass das angesichts der modernen Wissenschaftsentwicklung, die auf große Zahlen und große Einrichtungen setzt, wiederum reichlich weltfremd, eben – dem üblichen Sprachgebrauch folgend – akademisch klingt. Doch was hindert uns daran, in Akademieangelegenheiten alte institutionelle Gewohnheiten und Loyalitäten einmal zu vergessen und wieder für die ganze Wissenschaft zu sprechen? Es ist die Stimme der Wissenschaft, die heute im Getöse von Lissabon, Bologna, Pisa und immer neuen Regelungseinfällen, unterzugehen droht. Am schmerzlichsten bekommen dies die Universitäten zu spüren. Unter dem Schlachtruf der Qualitätssicherung hat sich hier ein System von Agenturen und Räten entwickelt, dem heute keine Universität, aber auch keine andere forschende Einrichtung mehr entgehen kann. Kennt sich Wissenschaft, kennen sich unsere forschenden und lehrenden Einrichtungen in Dingen, die sie selbst betreffen, nicht mehr aus?

Es ist diese Annahme, die nicht nur irritiert, sondern zunehmend auch beunruhigt. Da wird, ganz gleich ob es um Forschung, Lehre oder Ausbildung des wissenschaftlichen Nachwuchses geht, begutachtet und evaluiert auf Teufel komm raus. Gleichzeitig wird der „Science Citation Index" zum akademischen Delphi – ist nur viel langweiliger –, der *Impact Factor* zur magischen Zahl, mit der PYTHAGORAS, der oberste aller akademischen Dunkelmänner, höchst zufrieden gewesen wäre. Ein erheblicher Teil unserer akademischen Kapazitäten, häufig der besten, dürfte bereits jetzt im Evaluierungs- und Gutachterunwesen gebunden sein. Schon sieht es so aus, als sei Qualität nichts, das sich von sich aus zeigt, das

---

[3] In: HARNACK, A.: Geschichte der Königlich Preußischen Akademie der Wissenschaften zu Berlin II. Berlin 1900, S. 341.

science needs to be heard in society, perhaps mediating between science itself and politics. And academies need to achieve this without pandering to any of the special interests represented by universities and extramural research interests when it comes to money and influence.

That might sound almost paradoxical in view of the academies' institutional weaknesses and their sometimes striking resemblance to an old folks' home, but we are talking here about the ideal, not the often confusing reality. The tiredness of the spirit that we think we see everywhere today is, in the academies, not a question of inconsequentiality or age; it is rather an expression of the self-sufficiency of the scientific institutions themselves and the lack of will to bring reason and the new into the world against the grain of the *Zeitgeist*.

It may be that, in view of modern scientific developments which put the emphasis on big numbers and large institutions, all this sounds terribly unworldly – academic, even. But what prevents us ignoring all the institutional customs and loyalties, and speaking for science as a whole for once when we are talking about matters that concern the academies? It is the voice of science which stands to be drowned out in the hurly-burly of Lisbon, Bologna, Pisa and ever-increasing regulatory tinkering. The universities are suffering most as the demand for quality assurance has given birth to a system of agencies and councils from which no university or even research institute can escape. Can it really be the case that science, that our research and teaching institutes do not understand the things that affect them?

It is this assumption that is more than irritating; it is increasingly unsettling. Regardless of whether it's research, teaching or training young scientists, it must be assessed and evaluated by hook or by crook. The Science Citation Index has become the academic Delphic oracle – only far more boring – and the Impact Factor the magic number that PYTHAGORAS, doyen of academic obscurantists, would have been truly proud of. A significant portion of our academic capacity, and often the best portion, is probably already being dissipated in the quagmire of evaluation and assessment. We have arrived at a point where it seems that quality is not something that is self-evident and which expresses itself through research and science but instead is the product of examination, of evaluation. Science is not growing, its tormentors are.

Something has taken on a life of its own, of that there can be no doubt. A market has grown up centred on quality assurance – as if that was something unknown to science! It is a market that operates according to its own – frequently lucrative – laws, and less frequently according to the real needs of science. For science's sake, let us all pray that the god of science will protect us from quality assurers! Or perhaps we can put it this way: we keep coming up with ways of controlling science, but we are not moving it any more. Once again we are seeing the spread of the fallacy that it is structures which create knowledge, quality and innovation, that discoveries can be delivered just-in-time as if off a kind of intellectual production line, and that the solution to any kind of un-productivity, real or imagined, is management. Structures should serve science, not control it. But this is exactly what happens when scientific rationale becomes dependent on the scrutinizing and the administrating rationale.

This is not about saying yes or no to HUMBOLDT, as some people may think. It is simply about stifling the freedom of science and its institutions to develop according to their own criteria and rules. We are well on the way to doing just that. The truly unsettling thing is that science appears to be collaborating in the process, and it seems to be co-operating in a nas-

sich durch Forschung und Wissenschaft selbst zum Ausdruck bringt, sondern allein das Resultat von auferlegten Prüfungen, Evaluierungen eben. Nicht die Wissenschaft wächst; es wachsen ihre Peiniger.

Hier hat sich zweifellos etwas verselbständigt. Um die so genannte Qualitätssicherung – als sei das für die Wissenschaft etwas Neues! – ist ein wissenschaftlicher Markt entstanden, der eigenen Gesetzen, ertragreichen häufig, seltener den tatsächlichen Bedürfnissen der Wissenschaft folgt. In deren Namen sei gesagt: Der wissenschaftliche Gott schütze uns vor den Qualitätsschützern! Oder anders gesagt: Wir herrschen mit immer neuen institutionellen Einfällen über die Wissenschaft, aber wir bewegen sie nicht mehr. Wieder einmal macht sich der Irrglaube breit, dass es Strukturen sind, die wie von selbst Wissen, Qualität und Innovation erzeugen, dass sich das Neue organisieren lässt wie ein geistiger Einkauf und dass die Erlösung von aller vermeintlicher Unfruchtbarkeit im Management liegt! Strukturen sollen der Wissenschaft dienen, sie nicht beherrschen. Eben dies geschieht, wenn der wissenschaftliche Verstand seine Selbständigkeit an den prüfenden und verwaltenden Verstand verliert.

Dabei geht es nicht, wie manche jetzt meinen werden, um Humboldt ja oder nein, sondern allein darum, dass wir der Wissenschaft und ihren Institutionen nicht die Luft nehmen, sich nach ihren eigenen Maßstäben, ihren eigenen Gesetzen folgend, zu entwickeln. Wir sind auf dem besten Wege, eben dies zu tun. Und das eigentlich Beunruhigende ist, dass die Wissenschaft hier mitzuspielen scheint, auch bei einem sich andeutenden Perspektivenwechsel in der Universität, der allmählichen Ersetzung der akademischen Republik durch den Markt. Zunehmend wird nicht mehr primär von den begründeten Bedürfnissen der Wissenschaft (in Forschung und Lehre) her gedacht, sondern von Verwertungserwartungen her. Bleibt der Platz institutioneller Urteilskraft, wie so oft, leer?

Hier könnten die besonderen Aufgaben einer Akademie liegen, deren traditionelle Wege durch die moderne Wissenschaftsentwicklung ohnehin versperrt sind. Zu diesen Wegen gehören erstens die Rückkehr zu einer humanistischen Bildungsidee, sei es im ursprünglichen Renaissance- oder im späteren, neuhumanistischen Sinne, zweitens die Rückkehr zur Idee der Gelehrtengesellschaft, in der sich im gegebenen Wissenschaftssystem die Wissenschaft eher feiern als in die Forschungsgeschäfte mischen würde, drittens die Rückkehr zur Forschungsakademie im engeren, z. B. Leibnizschen, Sinne. Gegen die Rückkehr zur humanistischen Bildungsidee steht die Wirklichkeit einer Welt, die sich nicht mehr in vergangenen, sondern nur noch in ihren eigenen Werken spiegelt; gegen die Rückkehr zur reinen Gelehrtengesellschaft die Wirklichkeit einer ‚Forschungsindustrie' und die Verwandlung des Gelehrten in einen merkwürdigen Außenseiter; gegen die Rückkehr zur Forschungsakademie der Umstand, dass der wissenschaftliche Alltag unwiderruflich in anderen Häusern stattfindet. Anders, wenn es darum geht, der Urteilskraft in Dingen, die die Wissenschaft in ihren institutionellen Formen selbst betreffen, Geltung zu verschaffen und damit der Okkupation der Wissenschaft durch den verwaltenden Verstand Einhalt zu bieten. Urteilskraft verbindet sich hier mit Formen der *Selbstreflexion*, die in den wissenschaftlichen Einrichtungen wohl auf eine fachliche bzw. disziplinäre Weise erfolgt, aber auch – in förderlicher Distanz zum Alltag der Wissenschaft – in einem institutionellen Rahmen, und damit selbst in institutioneller Weise, wahrgenommen werden sollte.

Das hat im Übrigen auch damit etwas zu tun, dass sich der *Forschungsbegriff* selbst gravierend verändert hat. In seiner ursprünglichen Form war er eng mit dem forschenden Subjekt verbunden – Forscher forschen, nicht Einrichtungen –, doch ist es eben diese Verbin-

cent change of perspective in universities, namely the gradual supersession of the academic republic by the market. The main line of thought is increasingly not about the justified (and justifiable) interests of science (in research and teaching) but more about expectations regarding exploitation. Is there, as so often, no space for institutional judgement?

This could be one of the special responsibilities of an academy, to whom after all the traditional paths of scientific development are closed. These paths include, first of all, the return to a humanistic idea of education, be it in the original Renaissance sense or in the later neo-humanistic understanding. Second is the return to the idea of a learned society, in whose scientific system science would likely spend more time celebrating itself than actually involving itself in research. Third is the return to a research academy in the narrow, i.e. Leibniz', sense. Speaking against the return to the humanistic idea of education is the reality of a world which does not see itself reflected in past works, only in its own; speaking against the return to a pure learned society is the fact of a "research industry" and the fact that the intellectual *per se* has become an odd kind of outsider; speaking against the return to a research academy is the indisputable fact that science now happens elsewhere. It is a different matter, however, when it comes to giving shape to the power of judgement over things which affect science in its institutional forms, and thus providing resistance to the occupation of science by the administrative rationale. The power of judgement is closely linked to forms of self-reflection which most likely do indeed take place at subject or discipline level in scientific institutions, but they should also take place – at a suitable distance from the quotidian routine of science – in an institutional form, and thus in an institutional way.

This also has something to do with the fact that the concept of research itself has changed fundamentally. Originally, it was closely linked to the researching subject – researchers and not institutions researched – but now the link between research the verb and research the noun is pulling apart. The community of researchers has become Research with a capital "R;" the (re)search for truth, central to the idea of science and at the very bottom of any scientist's self-image of what makes him or her a researcher, has become research as a business operation, an organisable and organised process in which individual scientists, thought to be as interchangeable as individuals in the business world, disappear. The current predilection for core areas, centres, clusters, alliances and networks in research is the embodiment of this change. The change is reinforcing the industrialisation of science and weakening science's ability to self-reflect, especially as, in its everyday forms, science has a "naïve relationship to itself"[4]. Could it be that science's mounting professional and ethical problems stem from this source? If research and science are no longer seen as an ideal and a form of life but as a job like any other, there is also shift of emphasis in terms of lifestyle and ethics. The researching subject loses her meaning and then loses sight of herself and her responsibilities.

Self-reflection is characterised by the right ratio of proximity and distance. This is just as true in institutional terms and, when it is achieved, it constitutes the rationality of institutions, in our case scientific institutions. It is also true where scientific self-reflection is paired with social reflection (in the form of advising politics and society), a link in which modern society can find its true "scientific" character, the character of a Leonardo World.

---

[4] KIELMANSEGG, P. Graf: Wozu und zu welchem Ende braucht man Akademien? Frankfurter Allgemeine Zeitung (FAZ), 17. 9. 2009, p. 8.

dung zwischen Forschen und Forschung, die sich zunehmend auflöst. Aus der Gemeinschaft der Forscher wird *die* Forschung, aus forschender Wahrheitssuche, die zur Idee der Wissenschaft gehört, von Anfang an Teil des Selbstverständnisses des Wissenschaftlers ist und diesen allererst zum Forscher macht, ist Forschung als Betrieb geworden, als organisierbarer und organisierter Prozess, hinter dem der Wissenschaftler, vermeintlich auswechselbar wie die Subjekte in der ökonomischen Welt, selbst verschwindet. Die moderne Vorliebe für Schwerpunkte, Zentren, Cluster, Allianzen, Netzwerke in der Forschung ist Ausdruck dieses Wandels. Sie stärkt die industriellen Formen der Wissenschaft und schwächt ihre Selbstreflexionsfähigkeiten, zumal Wissenschaft in ihren alltäglichen Formen meist „ein naives Verhältnis zu sich selbst hat"[4]. Könnte es sein, dass daher auch wachsende Probleme professioneller und ethischer Art rühren? Wo Forschung, wo Wissenschaft nicht mehr als Idee und Lebensform begriffen wird, sondern nur noch als ein Job wie jeder andere, verschieben sich auch die lebensformrelevanten und die ethischen Gewichte. Das forschende Subjekt, das seine Bedeutung verloren hat, verliert sich selbst und seine Verantwortlichkeiten aus dem Auge.

Selbstreflexion zeichnet sich durch das richtige Verhältnis zwischen Nähe und Distanz aus. Das gilt auch in institutionellen Dingen und macht, wenn sie gelingt, die Vernunft der Institutionen, hier der wissenschaftlichen Institutionen, aus. Und das gilt auch dort, wo sich die wissenschaftliche Selbstreflexion mit einer gesellschaftlichen Reflexion (in Formen der Politik- und Gesellschaftsberatung) verbindet, eine Verbindung, in der die moderne Gesellschaft zu ihrem eigentlichen ‚wissenschaftlichen' Wesen, dem Wesen einer Leonardo-Welt, findet.

In der Akademie schaut sich die Wissenschaft selbst an, und in der Akademie reflektiert die Gesellschaft ihr wissenschaftliches Wesen. Die Wissenschaft erkennt sich selbst und die Gesellschaft ihre Zukunft, die ohne Wissenschaft, die nach ihren eigenen Regeln lebt und arbeitet, nicht zu haben ist. Und ist es nicht die schönste aller Aufgaben einer Akademie in unserer Zeit, diesen Zielen – der institutionellen Selbstreflexion der Wissenschaft einerseits und dem Werden einer Leonardo-Welt und ihrer Gesellschaft andererseits – zu dienen? Der Leopoldina auf diesem Wege und unter neuer Führung ein herzliches Glück auf!

        Prof. Dr. Dr. h.c. mult. Dr.-Ing. E.h. Jürgen MITTELSTRASS
        Konstanzer Wissenschaftsforum
        Universität Konstanz
        78457 Konstanz
        Bundesrepublik Deutschland

---

[4] KIELMANSEGG, P. Graf: Wozu und zu welchem Ende braucht man Akademien? Frankfurter Allgemeine Zeitung (FAZ), 17. 9. 2009, S. 8.

Festrede / Lecture

In an academy, science looks at itself, and in an academy, society sees the reflection of its scientific character. Science recognises itself, and society sees that its future is not possible without a science that lives and works by its own rules. Is it not the greatest of all the tasks of an academy today to be working towards these goals – institutional self-reflection in science on the one hand, and the creation of a Leonardo World and society on the other? I wish the Leopoldina and its new leadership the very best on their path!

    Prof. Dr. Dr. h.c. mult. Dr.-Ing. E.h. Jürgen Mittelstrass
    Konstanz Science Forum
    University of Konstanz
    78457 Konstanz
    Germany

Impressionen vom Festakt am 26. Februar 2010
Impressions of the Festive Ceremony on the 26th of February 2010

Der Ministerpräsident des Landes Sachsen-Anhalt Wolfgang Böhmer, der scheidende Leopoldina-Präsident Volker ter Meulen ML und der designierte Leopoldina-Präsident Jörg Hacker ML.

Bundesministerin für Bildung und Forschung Annette Schavan, Elke Lütjen-Drecoll ML, Präsidentin der Akademie der Wissenschaften und der Literatur Mainz, Dietmar Willoweit, Präsident der Bayerischen Akademie der Wissenschaften, und Norbert Elsner ML, Vizepräsident der Akademie der Wissenschaften zu Göttingen.

Das Klaviertrio Würzburg spielte Werke von Felix MENDELSSOHN BARTHOLDY, Antonín DVOŘÁK und Frédéric CHOPIN.

Annette TER MEULEN, Jörg HACKER ML, XXVI. Präsident der Leopoldina, und Ehefrau Margit HACKER.

Benno PARTHIER ML, XXIV. Präsident der Leopoldina.

Das Auditorium der Festlichen Übergabe des Präsidentenamtes der Leopoldina in der Aula des Löwengebäudes der Martin-Luther-Universität Halle-Wittenberg.

Matthias Kleiner ML, Präsident der Deutschen Forschungsgemeinschaft, und der XXV. Leopoldina-Präsident Volker ter Meulen ML.

Helmut Schwarz ML, Präsident der Alexander-von-Humboldt-Stiftung, und Jörg Hacker ML, XXVI. Präsident der Leopoldina.

Festredner Jürgen MITTELSTRASS ML und Harald ZUR HAUSEN ML, ehemaliger Vize-Präsident der Leopoldina.

Jörg HACKER ML, XXVI. Präsident der Leopoldina, Bärbel FRIEDRICH ML, Vizepäsidentin der Leopoldina, und Jürgen MLYNEK, Präsident der Helmholtz-Gemeinschaft.

Empfang im Foyer des Löwengebäudes der Martin-Luther-Universität Halle-Wittenberg im Anschluss der Festlichen Übergabe des Präsidentenamtes der Deutschen Akademie der Naturforscher Leopoldina.